UNREAD

饮食的　谬误

Saturated Facts:
A Myth-busting Guide to Diet and
Nutrition in a World of Misinformation

[英] 伊德里斯·莫卧儿 著

张丰琪 译

饮食的谬误
别让那些流行饮食法害了你
[英]伊德里斯·莫卧儿 著
张丰琪 译

图书在版编目(CIP)数据

饮食的谬误:别让那些流行饮食法害了你/(英)伊德里斯·莫卧儿著;张丰琪译. -- 北京:北京联合出版公司, 2025. 4. -- ISBN 978-7-5596-8270-3

Ⅰ. TS201.4

中国国家版本馆 CIP 数据核字第 2025JB7738 号

Saturated Facts

By Idrees Mughal

Copyright © Dr. Idrees Mughal 2024
First published as SATURATED FACTS in 2024 by Penguin Life, an imprint of Penguin General.
Penguin General is part of the Penguin Random House group of companies.
Simplified Chinese Translation © 2025 by United Sky (Beijing)
New Media Co., Ltd., translated under licence from Penguin General.
All rights reserved.

北京市版权局著作权合同登记号 图字:01-2025-1276 号

出 品 人	赵红仕
选题策划	联合天际·文艺生活工作室
责任编辑	高霁月
特约编辑	邵嘉瑜
美术编辑	程 阁
封面设计	叶译蔚

出 版	北京联合出版公司 北京市西城区德外大街 83 号楼 9 层 100088
发 行	未读(天津)文化传媒有限公司
印 刷	大厂回族自治县德诚印务有限公司
经 销	新华书店
字 数	172 千字
开 本	880 毫米 × 1230 毫米 1/32 7.75 印张
版 次	2025 年 4 月第 1 版 2025 年 4 月第 1 次印刷
ISBN	978-7-5596-8270-3
定 价	58.00 元

关注未读好书

客服咨询

本书若有质量问题,请与本公司图书销售中心联系调换
电话: (010) 52435752

未经书面许可,不得以任何方式转载、复制、翻印本书部分或全部内容
版权所有,侵权必究

目录

引言 　　　　　　　　　　　　　　　　　　　　001

第一部分　常见的饮食误区　　　　　　　007

真相与谎言　　　　　　　　　　　　　　009

　　饮食误区 No.1：最好避免摄入碳水化合物　　009
　　饮食误区 No.2：间歇性禁食只是限制热量　　016
　　饮食误区 No.3：纯素饮食总是健康的　　　　020
　　饮食误区 No.4：动物蛋白要优于植物蛋白　　024
　　饮食误区 No.5：生产肉类不会对环境造成危害　026
　　饮食误区 No.6：纯肉饮食很健康　　　　　　028
　　饮食误区 No.7：地中海饮食被过度炒作　　　033
　　饮食误区 No.8：饮食与血型有关　　　　　　035
　　饮食误区 No.9：碱性食物比酸性食物更好　　036
　　饮食误区 No.10：排毒饮食值得信赖　　　　 037
　　饮食误区 No.11：增肌需要大量蛋白质　　　 039
　　要点回顾　　　　　　　　　　　　　　　　041

第二部分　澄清事实　043

炎症："火"从口入　045

- 炎症误区 No.1：种子油对健康有害　046
- 炎症误区 No.2：饮用其他哺乳动物的乳汁对人类健康有害　048
- 炎症误区 No.3：糖总会引起炎症　052
- 炎症误区 No.4：最好避免摄入麸质　055
- 炎症误区 No.5：体重增加与炎症无关　057
- 深入探讨　059
- 炎症和心血管疾病　060
- 膳食炎症指数　061
- 哪些食物是"抗炎之王"？　062
- 膳食与急性炎症　065
- 要点回顾　068

体重：关于肥胖的争论　070

- 体重误区 No.1：肥胖者在日后可能不会面临患病的风险　072
- 体重误区 No.2：BMI 带有种族歧视色彩　074
- 体重误区 No.3：减肥的弊大于利　076
- 体重误区 No.4：减肥的益处完全归因于生活习惯的改变，而不是减肥本身　076

体重误区 No.5：追求减肥是徒劳的　　　　　　　078
　　体重误区 No.6：所有身体脂肪的作用都一样　　080
　　体重误区 No.7：社会对肥胖的看法是公平且有益的　082
　　体重误区 No.8：胖是你的错　　　　　　　　　　084
　　要点回顾　　　　　　　　　　　　　　　　　　088

减肥：实现持续减肥　　　　　　　　　　　　　　091
　　每天吃早餐　　　　　　　　　　　　　　　　　092
　　每周称一次体重　　　　　　　　　　　　　　　093
　　将每周看电视的时间控制在 10 小时内　　　　　094
　　每天至少运动一小时　　　　　　　　　　　　　094
　　摆脱非黑即白的思维方式　　　　　　　　　　　095
　　了解蛋白质和纤维的重要性　　　　　　　　　　096
　　尽量减少超加工食品的摄入　　　　　　　　　　097
　　计算热量并不简单　　　　　　　　　　　　　　098
　　不要盲目相信食品标签　　　　　　　　　　　　099
　　可以摄入人工甜味剂　　　　　　　　　　　　　100
　　练习正念饮食　　　　　　　　　　　　　　　　101
　　使用较小的盘子和餐具　　　　　　　　　　　　101
　　要点回顾　　　　　　　　　　　　　　　　　　102

第三部分　新科学　　105

时间营养学与睡眠：餐盘上的时间　　107

- 时间营养学的事实 No.1：进食时间对健康有影响　　108
- 时间营养学的事实 No.2：晚餐吃得太晚的危害　　111
- 时间营养学的事实 No.3：餐后血糖调节和夜间进食的影响　　113
- 时间营养学的事实 No.4：进食时间如何影响食物热效应　　115
- 时间营养学的事实 No.5：夜间进食会降低白天的精力　　116
- 时间营养学的事实 No.6：睡前进食影响睡眠和情绪　　117
- 时间营养学的事实 No.7：进餐时间会影响体重　　118
- 睡眠的重要性　　119
- 睡眠不足，体重增加：激素与饥饿感　　122
- 提高睡眠质量的建议　　123
- 夜班工作的危害　　124
- 要点回顾　　126

肠道微生物组：人类最好的朋友（们）　　128

- 微生物组误区 No.1：益生菌补充剂可以解决肠道问题　　130
- 微生物组误区 No.2：你可能感染了寄生虫　　132
- 微生物组误区 No.3：食物敏感性测试是有用的　　133
- 微生物组误区 No.4：人工甜味剂会损害肠道　　135
- 前世最好的朋友　　136
- 微生物组与肥胖　　138
- 肠道如何影响心脏代谢健康　　140
- 肠道 - 脑轴　　142

炎症性肠病　　　　　　　　　　　　　　145
　　肠易激综合征　　　　　　　　　　　　　148
　　纤维和微生物组　　　　　　　　　　　　151
　　间歇性禁食与微生物　　　　　　　　　　153
　　问题的核心　　　　　　　　　　　　　　153
　　要点回顾　　　　　　　　　　　　　　　154

抑郁症和痴呆症：用食物安抚情绪　　　　157
　　饮食与抑郁症　　　　　　　　　　　　　158
　　饮食与情绪的事实 No.1：饮食对情绪影响显著　160
　　饮食与情绪的事实 No.2：你用来提神的甜食
　　　　　　　　　　可能会让你感到沮丧　　163
　　饮食与情绪的事实 No.3：人工甜味剂可能不会
　　　　　　　　　　影响情绪　　　　　　165
　　针对抑郁症的饮食建议　　　　　　　　　166
　　饮食与痴呆症　　　　　　　　　　　　　175
　　典型的西方饮食方式极大地增加了患痴呆症的风险　176
　　要点回顾　　　　　　　　　　　　　　　189

结束语　　　　　　　　　　　　　　　　　191

附录：证据分级　　　　　　　　　　　　　193

致谢　　　　　　　　　　　　　　　　　　201

参考文献　　　　　　　　　　　　　　　　202

感谢我亲爱的家人和朋友，
他们坚定不移的支持是我的支柱。
尤其要感谢我的母亲，她一直是我的指路明灯。

引言

健康领域的现状

我们进食的**时间**是否对健康有影响？减肥是否像热量摄入与热量消耗相减那样简单？碳水化合物是否会导致你变胖？麸质会引起炎症吗？乳制品会危害健康吗？所有疾病都是从肠道开始的吗？

我们在互联网和社交媒体上每天都会接触到越来越多、相互矛盾的健康信息。任何人只需简单地按一下按钮，无须医学资质，就可以将他们的观点分享给数百万人。每时每刻，新的趋势、技巧和健康潮流不断涌现，使得原本就众多的健康建议更加令人应接不暇。现实情况是，超过60%的英国人在网络上寻求健康建议[1]，然而我们的生活中充斥着对健康有害无益的"事实"。我们知道，谣言或听起来新奇的信息在网上往往更容易传播。因此，每天都有更多的虚假信息和恐吓言论在网上传播。据统计，70%评估在线健康信息有效性的研究得出的结论是，这些信息不够准确、全面和可靠。[2]如今，找到实用且有科学依据的健康建议变得越来越困难。

这并不是一本典型的关于健康或营养的书籍。书中没有大量的低热量食谱，也没有详细解析碳水化合物或蛋白质的定义，更不是一本推崇"生酮饮食是永生秘诀"的书。毕竟，如果我不能再吃米饭，那永生还有什么意义呢？相反，本书是一本专门为那些想要全面了解饮食对健康真正影响的人设计的一站式参考书，揭露并纠正社交媒体上的虚假信息。

预防医学

直到我攻读营养学研究硕士学位时，我才注意到营养学教育与我们的健康之间的脱节程度。那段时间，我花12个月参与了TwinsUK[①]队列研究[②]——一项涉及全英国15000多对双胞胎的研究。这让我有机会分析数百万个数据点[③]，并深入研究各种有趣的课题，例如饮食对抑郁症和其他精神疾病发病风险的影响。

当我就读于医学院时，我一直在思考：**医疗保健行业的专业人士似乎只在人们生病后才会关心或采取行动，这难道不奇怪吗？为什么我们不从一开始就帮助人们预防这些疾病呢？** 这激发了我对预防医学的兴趣，并最终促使我获得了生活方式医学的专业认证。在

---

① TwinsUK是英国最大的成人双胞胎登记处，旨在研究与年龄相关的复杂性状和疾病的遗传以及环境病因学。（本书脚注如无特殊说明，均为译者注）

② 队列研究是收集未患某种疾病人群的资料，按是否暴露于某可疑因素或暴露程度分为不同的亚组，对其进行随访，追踪各组的结局并比较其差异，从而判定暴露因素与结局之间有无关联及关联程度大小的一种流行病学的研究方法。

③ 数据点是在数据收集层面上描述一个观察单位在某一时间点的信息。

这一领域，我们会帮助人们做出更好的生活方式决策，让他们从一开始就不必与医疗系统打交道。

在美国，预防医学是一个受到认可且成熟的医学专业；但在英国，它仍然是一个相对小众的领域。我希望能够改变这一现状。我将这本书视为预防医学变革的起点，通过这场变革，我们将把健康掌握在自己手中。通过思考我们所吃的食物，我们可以学到很多关于如何预防和控制疾病的知识。但首先，我会告诉你我是如何通过社交媒体传播这一信息的。

活跃在社交媒体上的医生

我对上网有所顾虑，总担心社交媒体可能不适合医务人员，还害怕遭到那些"Keto Karen"[①]的批判或攻击。这些担忧一直让我远离社交媒体。直到2021年1月，英国因新冠病毒肺炎（COVID-19）实施封锁期间，我经历了一个"灵光乍现"的时刻。

那段时间，我每天在专门收治COVID-19患者的医院病房里工作十个小时，每晚疲惫不堪地回到我在古朴的诺维奇市（Norwich）的小公寓。像疫情期间的许多人一样，我常常一个人打发时间。比如晚上刷TikTok，看恶作剧的人捉弄免下车餐厅员工，或看人们学习最新的流行舞蹈。然后有一天，我无意中刷到了一个有1000万浏览

---

① Keto Karen结合了"Keto（生酮）"和"Karen"。"Karen"在英语俚语中通常指代喜欢抱怨、小题大做、不相信科学、处处不配合的中年白人女性。

量的视频。

视频的标题是"两周内减掉10磅!"我的"扯淡警觉系统"立刻响起了警报。视频中,一位身着最新健身装备的女士向观众们展示如何用黄瓜、菠萝和柠檬水制作一种据说可以帮助减肥的混合果汁。最令人担忧的是,成千上万的观众留言表示他们打算立即开始尝试这种方法!我在评论区恳求大家不要采用这种果汁减肥法,但视频的病毒式传播很快就吞噬了我的评论。

我依然记得,当我目睹一个又一个医学谬论在网上流传时,心中涌起的那种既好笑又害怕的复杂情绪。面对健康话题中的热门内容(如禁水十天、酮类补充剂、咖啡灌肠)时,我感到有些痛心。最终,我觉得有必要且在道义上有责任以健康和科学的名义采取行动。我花了数小时思考如何从医疗保健和个人健康的角度利用社交媒体,希望能够触及更广泛的群体,而不仅仅是我每天在医院里见到的患者。也许通过我的努力,我甚至可以帮助减少医院中患者的数量。

我坚信,只要我拥有足够大的平台来回击那些嘲讽我、挑衅我采取行动的伪科学魔鬼,我就**有可能**改变现状。因此,我开始涉足社交媒体并录制幽默视频,以此来测试公众的反应。我的视频涵盖了一系列主题,比如在疫情封锁期间锻炼的挣扎,以及做出"增肥"还是"减重"的决定来改变生活。尽管我早期的视频并不总是经过深思熟虑或准确无误的,但那几周的经历让我逐渐适应了在公众面前展示自己。当我精心策划并发布了我的第一个教育视频——标题是"不要再告诉人们1卡路里就是1卡路里"[1]后,我的焦虑逐渐减轻了。

短短几个月后,我的名字每天都会出现在数百个视频的标签中,观众们希望我能够就各种健康和营养相关的话题提供反馈。那时,我意识到我找到了自己的使命。我的观众们希望我揭穿那些散布恐慌的健康"大师"的谎言,并通过分析研究来辨别事实和虚假信息。我非常乐意满足他们的要求。

如何使用本书

本书与我在社交媒体上发布的内容具有相同的目标,即揭穿谬论、提供信息和普及知识。我写这本书并不是为了宣传自己,而是为了让你能够基于真实的营养研究,做出有关自己健康的明智决策。

我想问你一个问题。如果我把你拉到一边,对你说"如果你每天服用这种药片,你的早逝风险会降低20%",你会感兴趣吗?但等等,还有更好的消息。如果你服用2片,你的早逝风险会再降低20%。听起来好得令人难以置信,对吧?然而,好处还不止于此,因为你每天可以服用4片这种药片,每增加1片都会进一步减少你的早逝风险。你可能迫不及待地想接受我的建议。

---

[1] 从不同食物中获取的热量对我们的身体影响不同。比如,吃100卡路里(1卡路里等于0.00419千焦)的糖和吃100卡路里的蔬菜对我们的饥饿感、激素、能量消耗和食欲控制的影响是完全不同的。所以,1卡路里不一定"等于"1卡路里。

你猜怎么着？这种"药片"真的存在，1片药片代表**步行1000步**。一项对17项研究进行的系统综述发现，在10年随访期间，与不步行相比，每天仅步行1000步就可以将死亡风险降低6%～36%。[3]

特定的食物和饮食模式也存在同样的剂量依赖关系。实际上，我们摄入的食物对健康和长寿来说可能**更加**重要。因此，通过这本书，我将为你开出一种"救命"的药物。唯一不同的是，这种药物不是来自药房，而是你可以从超市自行购买的。它的效果不会像医院开出的药物那样在数小时或数天内显现出来，也不能取代那些救命的药。然而，这种"药片"将有助于你避免一开始就需要那些药物，并且在你真的需要它们时，能帮助你更好地康复。

许多所谓的专业人士会歪曲信息，以支持他们可能从中获利的各种说法。例如，提倡间歇性禁食或生酮饮食的人常常如此。而我并不关心你选择哪种饮食方式，我在意的是确保你做出明智的选择。

这是我写这本书的唯一目的。书中没有废话，没有噱头，也没有"排毒清洁粉"。我将运用我在人体生理学、健康和研究分析方面的专业知识，揭穿我们在网上看到的许多常见的健康伪科学，并提供有关营养、减肥和健康的真实信息。这是一本全面的指南，包含了所有你需要了解的有关营养对我们的健康所起到的作用。而且，**确实是非常重要的作用！** 我将批判性地审视最新的科学证据，并解释我们可以采取哪些实际方法来改善自己的健康状况。

我希望这本书能帮助你在这个充斥着各种"事实"的世界中找到方向。话不多说，让我们来揭穿一些当今最常见的饮食误区吧！

第一部分

常见的饮食误区

真相与谎言

从"碳水化合物会让你变胖"的观点,到人们普遍认为"间歇性禁食是解决肥胖危机的良药",我们对营养的理解常常被大量半真半假的说法和被误解的科学观点所蒙蔽。本章将阐明民间饮食传说中的错误之处,指出那些已融入我们饮食习惯的普遍谬误。我们将共同揭开常见的饮食误区,并揭示其背后强大且有益健康的真相。我们即将探索真实的饮食世界,请系好安全带,准备好颠覆你当前的饮食观念,迎接更健康的饮食理念吧!

饮食误区 No.1:最好避免摄入碳水化合物

在历史上的某一时刻,出现了一种后来打破常规、引发争论并掀起营养革命的饮食方法:生酮饮食(ketogenic diet)。这一切都始于两千多年前,古希腊人发现禁食可以减少某种癫痫发作的频率和强度。这是首次模糊地暗示了不以碳水化合物为"燃料"的新陈代谢方式具有治疗潜力。然而,这种认识经历了多个世纪的探索,才被逐渐发展成一种实用的治疗方法。

1921年，内分泌学家罗林·伍迪特（Rollin Woodyatt）医生发现禁食不仅能产生葡萄糖，还能产生其他两种化合物，即丙酮（acetone）和β-羟基丁酸（beta-hydroxybutyric acid）。他意识到这些就是我们现在所知的酮体[①]（ketone bodies），这也是生酮饮食名称的由来。两年后的1923年，一位名叫罗素·怀尔德（Russell Wilder）的医生提出将生酮饮食用于治疗儿童的耐药性癫痫，作为禁食的一种不太激进的替代方案。令他感到欣喜的是，这一方法奏效了。[(1)]

不过最近，这种饮食方式被宣传为一种减肥妙方，适用于任何希望减掉几磅体重的人，并且可以作为2型糖尿病的治疗方法。生酮饮食通常以摄入高脂肪、高蛋白质和极少的碳水化合物（每天少于20克）为特点。低碳水化合物、高蛋白饮食经常受到健身人士的关注——旧石器时代饮食法和阿特金斯饮食法[②]都属于同一类别——但真正的生酮饮食是以脂肪为核心，脂肪占总能量的90%。生酮饮食的目的是迫使身体使用一种不同的燃料。它不再使用来自碳水化合物的葡萄糖，而是依靠肝脏在分解储存脂肪时产生的酮体，因此得名"生酮（keto）"。

当碳水化合物被分解成葡萄糖时，胰岛素的主要作用是将血液中的葡萄糖运送到邻近的细胞中。在细胞中，葡萄糖可以直接作为能量使用，或者在供应充足时储存为糖原或脂肪。与此同时，胰岛

[①] 酮体，或简称酮，是肝脏在糖异生过程中产生的物质，糖异生是在禁食和饥饿时产生葡萄糖的过程。

[②] 阿特金斯饮食和生酮饮食都是低碳水化合物饮食，有助于减肥、控制糖尿病并促进心脏健康。不同之处在于碳水化合物的摄入量：阿特金斯饮食允许随着时间的推移慢慢增加碳水化合物的摄入量，而生酮饮食要求持续保持低碳水化合物摄入，从而使身体进入一种叫作酮症（ketosis）的代谢状态并促进脂肪燃烧。

素向身体发出停止分解脂肪的信号，以便优先利用新摄入的葡萄糖作为能量来源。

提倡生酮饮食的人掌握了这一科学知识，却在细胞层面误解了它。他们的理论是：碳水化合物会导致胰岛素水平升高，胰岛素会促进脂肪储存，阻止脂肪分解，而与热量摄入无关，因此人们会发胖并变得更饿。许多低碳水化合物的倡导者将此称为碳水化合物-胰岛素肥胖模型（Carbohydrate-Insulin Model of Obesity）。虽然在某种程度上，抑制主要负责脂肪储存的激素似乎是减肥成功的关键，但最严格的新陈代谢病房研究（参与者被安置在严格控制的病房中）证明情况并非如此。[2] 当两个饮食组摄入的蛋白质和热量相同时，尽管生酮饮食会因为水分流失而导致体重迅速减轻（因为1克碳水化合物会锁住3~4克的水分），但与高碳水化合物饮食相比，低碳水化合物饮食并没有产生更好的减脂效果。

了解体重是怎样增加的

说到对体重增加的理解，科学家提出了两种主要理论：一种叫能量平衡模型（Energy Balance Model，EBM），另一种叫碳水化合物-胰岛素模型（Carbohydrate-Insulin Model，CIM）。这两种理论都认为体重变化遵循热力学定律。简单地说，如果你摄入的能量（热量）多于你消耗的能量，你的体重就会增加。

根据大多数科学家都同意的能量平衡模型，人们体重增加的主要原因是摄入过多的热量，无论这些热量来自哪种食物。影响一个人热量摄入量的因素包括食物的加工程度、味道、食物的含水量、纤维含量等。另外，碳水化合物-胰岛素模型则认为，体重增加不仅与摄入热量的多少有关，还与摄入的热量**类型**有关。具体而言，该模型认为摄入碳水化合物会使人体释放胰岛素，而胰岛素有助于身体储存脂肪并增加食欲，从而导致体重增加。

然而，提倡低碳水化合物或生酮饮食的人可能从根本上误解了碳水化合物-胰岛素模型。我听说，有人声称无论你摄入多么少的热量，摄入碳水化合物都会阻止身体燃烧脂肪。这种说法并不准确。碳水化合物-胰岛素模型并没有质疑热力学定律或摄入过多热量会导致体重增加的观点。[3] 相反，它提出了一个略有不同的事件顺序。根据碳水化合物-胰岛素模型，摄入碳水化合物会引发激素和细胞的变化，使人们吃得更多，从而导致体重增加。这就好比孩子在进入生长发育突增期时，身体的变化促使他们在这一时期比之前吃得更多。

简而言之，这两种理论都认为摄入的能量多于消耗的能量会导致体重增加。能量平衡模型认为任何多余的热量都会导致体重增加，而碳水化合物-胰岛素模型则认为碳水化合物可能会引发激素变化，使你吃得更多，从而导致体重增加。然而，在接下来的部分中，我们将解释为什么你**无须**害怕碳水化合物，以及为什么生酮饮食对大多数人来说总体上**不是**明智的选择。

为什么碳水化合物不是敌人

如果碳水化合物确实是问题所在,那么素食者[①]和纯素食者[②]这种更多地依赖富含碳水化合物的食物来获取营养的人,患肥胖症、心脏病和糖尿病的风险岂不是更高吗?实际上,几乎每一项评估饮食模式的大规模人群研究都表明,摄入富含高碳水化合物"植物基(plant-based)"[③]食物的素食者体重更轻,身体质量指数(BMI)更低,患慢性病的风险也更低。牛津大学欧洲癌症与营养前瞻性调查(European Prospective Investigation into Cancer and Nutrition Oxford, EPIC-Oxford)在对数万人进行评估后发现,平均而言,纯素食者的BMI远低于肉食者。[(4)]

欧洲一项涵盖80多万人的Meta分析[④]发现,纯素食者和素食者罹患心血管疾病的风险降低了15%~21%。[(5)]在世界上人均寿命最长的五个地区,也就是被称为"蓝色地带(Blue Zones)"的地方,也可以看到同样的情况。在这些地区(包括日本的冲绳、意大利的撒丁岛和希腊的伊卡里亚岛),百岁老人的比例是全美的十倍以上。[(6)]这些百岁老人有一个共同点——他们一直遵循以植物为基础、以碳水化合物为核心(富含全谷物、绿叶蔬菜、土豆和豆类)的饮食方式。

"恐碳"心态的问题在于没有区分精制、深加工的碳水化合物来

---

① 不吃动物类食品,但允许吃蛋类、奶类、奶制品以及蜂蜜等。
② 只食用植物食品,既不食用肉、禽、蛋、海鲜类,也不食用任何来自于动物的食品,包括动物脂肪、奶类、奶制品以及蜂蜜等。
③ 指完全或主要由植物性食物组成的饮食。
④ 也称荟萃分析、元分析,是循证医学重要的研究方法和最佳证据来源之一。是用于比较和综合针对同一科学问题研究结果的统计学方法。

源,比如糖果、白面包和巧克力泡芙,与富含营养、有益健康的碳水化合物来源,比如水果[7]、全谷物[8]和豆类[9](这些都与维持体重或减轻体重的效果独立相关)。显然,并非所有碳水化合物都能产生同样的影响,有许多营养丰富且能填饱肚子的食物供你选择。

遵循生酮饮食对某些人可能会有一些好处。显然,这种饮食方式是短期内减肥和控制2型糖尿病的有效策略。[10]在开始生酮饮食的最初6到12个月内,我们通常会看到体重和血压下降,以及某些肝脏指标,如甘油三酯和高密度脂蛋白("好"胆固醇)的改善。[11]不过,一般在治疗12个月后就不再有上述效果,而且这种饮食方式存在几个相当严重的缺点。

生酮饮食的危害

首先,如果你没有摄入多种蔬菜、水果和谷物,那么你更有可能缺乏B族维生素、维生素C、硒和镁等营养素,这可能会导致疲劳、肌肉无力、情绪变化和溃疡。[12]其次,节食只有在你能够真正坚持下去的情况下才有效。许多人都有这样的经历,或者认识一些尝试过生酮饮食的人——他们的体重减轻了很多,随后又胖了回去,因此他们只能不断地反复节食。不可否认的是,对大多数人而言,对富含碳水化合物食物的渴望最终会占据上风。通过学习如何在我们的饮食中加入更多营养丰富的碳水化合物来源而不是盲目排斥它们,我们可以节省大量时间、金钱并减轻压力——因为这类食物将对我们的减肥和健康之旅产生积极影响。将食物划分为"好"或"坏"属于"二分信念",这种做法会对健康造成不利影响。我们将在"减肥：实现持续性减肥"一章中讨论这一点。

可以说，生酮饮食造成的最严重的后果是它对肝脏的影响。由于需要代谢的脂肪过多，这种饮食可能会对肝功能造成负面影响，并使现有的肝脏疾病恶化。虽然限制摄入宏量营养素（macronutrients）[①] **可能**有助于短期减肥，从而使超重者的健康状况因为体重减轻而得到改善，但是，长时间遵循生酮饮食可能会带来严重后果。在一项有严格控制的生酮饮食实验中，研究人员给体重正常的女性提供食物，并检测她们的尿液、血液和酮体水平，以评估她们对生酮饮食的遵循程度。[13]在采用生酮饮食4周后，研究人员发现这种饮食方式对受试者的血脂状况造成不利影响，特别是低密度脂蛋白（LDL，"坏"胆固醇，高度致动脉粥样硬化，即促进动脉中脂肪沉积的形成）和载脂蛋白-b（Apolipoprotein-B，携带低密度脂蛋白在体内游走并将其沉积在动脉壁上的蛋白质）的恶化——这些标志物与增加心血管疾病患病风险密切相关。★[14]

直到最近，大多数关于低碳生酮饮食的医学发现仅来自短期对照试验，这使得生酮饮食的支持者们能够打消人们的顾虑。然而，我们现在开始在长期的观察性研究中看到这种饮食可能带来的有害影响。在一项历时10年的研究中，研究人员汇总了来自日本、希腊、瑞典和美国近50万人的数据，这些人的饮食模式各不相同。研究人

---

① 宏量营养素是指身体为了正常运作而需要大量摄取的营养素。三种主要宏量营养素包括碳水化合物、蛋白质和脂肪。

★ 将低密度脂蛋白（LDL）维持在较低水平至关重要，因此2017年欧洲动脉粥样硬化学会（European Atherosclerosis Society）发布了一份共识小组声明。在这份声明中，他们分析了200多项队列研究、孟德尔随机化和随机对照试验研究，涉及200多万人和15万起心血管事件。他们发现，低密度脂蛋白不受其他血液标志物或风险因素的影响，与心血管疾病存在显著的剂量依赖关系，并得出结论：低密度脂蛋白无疑会导致动脉粥样硬化性心血管疾病。（标注★的脚注为原书注）

员发现，与遵循高碳饮食方式的人相比，遵循低碳饮食的人过早死亡的风险增加了22%，与心血管疾病相关的死亡风险增加了35%，与癌症有关的死亡风险增加了8%。[15]造成这些健康问题的主要原因并不完全是缺乏碳水化合物，而是用来替代这些热量来源的食物。这类食物通常包括富含饱和脂肪的动物性食物，比如红肉和黄油，以及食谱中缺乏富含多酚和纤维的食物，比如蔬菜、水果和全谷物。然而，这并不是说**不可能**拥有一种"对健康有益的生酮饮食"方式。比如，假设你摄入大量富含高纤维、低碳水化合物的蔬菜，以及来自坚果、种子和多脂鱼类的不饱和脂肪，而不是红肉，那么这可能会抵消许多因生酮饮食造成的健康风险。

结论：生酮饮食在短期内可以作为减肥、控制2型糖尿病和其他代谢紊乱的理想策略。然而，长期遵循这种饮食方式存在弊端，尤其是对肝脏和心脏代谢健康的影响，这意味着它并不是保持长期健康的最佳饮食方式。

饮食误区 No.2：间歇性禁食只是限制热量

间歇性禁食（Intermittent fasting，IF）是进食和禁食交替进行的一种饮食方式。间歇性禁食有多种变体，其中包括隔日禁食和间歇性能量限制。例如，一周中有三天只摄入正常热量的25%。不过，人们最熟悉的可能是16∶8或20∶4的方法，这两种间歇性禁食方法规定了每天禁食的时间（禁食16或20小时，进食8或4个小时）。

这种饮食方式的根据是,古代的狩猎采集者经常会经历长时间的食物匮乏,因此,我们的身体很好地适应了禁食状态。关于间歇性禁食的常见好处包括可以让身体进入"修复模式",并启动一种叫作"自噬(autophagy)"的功能。这种功能可以清除受损细胞,并引发有助于延长寿命的变化。还有一种观点认为,禁食能将胰岛素保持在最低水平,从而使身体有时间燃烧脂肪。

根据国际食品信息理事会(International Food Information Council)的一项调查,间歇性禁食已成为美国最受欢迎的饮食方式,多项研究表明其具有减肥功效。随着间歇性禁食的流行,新的方法及其亚型不断涌现,随之而来的问题也越来越多。尽管出现了众多变种,但间歇性禁食的绝大多数好处似乎主要归因于它所造成的热量赤字。★ [16]

值得一提的是,在某些特定情况下,间歇性禁食似乎确实优于简单的热量限制。简单的热量限制指的是一个人可以在一天中的任何时间减少热量摄入。在这里,我们为后面探讨进餐时间科学的"时间营养学"章节做个铺垫——首先要考虑的情况是将进食窗口安排在一天中的早些时候,也被称为晨间限时进食(early Time-Restricted Feeding, eTRF)。关于这一主题最严格和受控的进食试验于2018年完成。8名男性糖尿病前期患者参加了一项为期5周的研究。该研究提供试验期间的所有餐食,目的是保持受试者的体重不变。此外,受试者必须在规定时间内在监督下进食。[17]受试者被随机安排一个6小时进食窗口,并在下午3点之前结束进食;或者包括

★ 这项针对27项随机对照试验的全新Meta分析测试了不同的间歇性禁食方案,例如16:8、20:4、甚至隔日禁食和5:2禁食,并将它们与正常的热量限制进行比较。研究人员发现,在减重、胰岛素敏感性和各种血脂方面并无差异。其他分析的类似结果发现,除了间歇性禁食导致腰围减小更为显著外,并无其他差异。

深夜进食在内的12小时进食窗口（这代表了大多数人的习惯）。该研究发现，那些在下午3点停止进食的受试者，其胰岛素敏感性、胰岛β细胞（负责释放胰岛素的胰腺细胞）反应能力、血压、氧化应激[①]和食欲都得到了改善。这些结果表明，将进餐时间限制在一天中的早些时候可能有助于血糖调节、心血管健康和体重管理。这项研究的突破之处在于，它是**有史以来**首个证明晨间限时进食在不减重的情况下也能改善心脏代谢健康的研究。此外，"时间营养学"章节中引用的许多真实生活研究进一步证实了这些发现（参见第107页）。由此看来，如果把进食窗口被限制在一天中的早些时候，间歇性禁食对心脏代谢健康的各个方面都有固有的益处。

间歇性禁食研究的另一个有前景的领域正逐渐兴起，那就是"自噬"这个概念及其与癌症的关系。想象一下，我们的身体就像一个繁忙的城市，每天都需要定期清理废物和旧建筑，以便进行新的建设。这与自噬的过程类似。它就像我们内部的回收和垃圾处理系统——分解旧的、受损的细胞并制造新的、健康的细胞。自噬有助于维持身体的正常运转，就像一个干净的城市更高效、更宜居一样。[(18)]

科学家们发现，睡眠、锻炼和减少热量摄入等行为可以加速自噬过程，但禁食可能有其独特的方式来加速这一过程。对啮齿类动物的研究表明，禁食超过24小时可以降低一种名为胰岛素样生长因子–1（IGF–1）的分子水平。[(19)]这很有趣，因为降低IGF–1似乎会促进机体产生更多干细胞，这可能有助于治疗癌症。定期限制热量摄入而不禁食似乎不会对IGF–1产生同样的影响，除非饮食中的蛋

---

① 氧化应激是指机体氧化系统和抗氧化系统失衡，从而导致组织损伤。

白质摄入量也减少。[20] 此外，有一些人类早期数据表明，长期禁食可能会降低化疗的毒性，并减缓某些癌症患者的肿瘤生长速度[21]，但重要的是，目前这些证据还不足以支持广泛推广这种饮食方式。目前有几项大型研究正在对此进行进一步调查，因此我们需要继续关注这些研究的结果。

尽管如此，重要的是要记住，禁食，尤其是长时间禁食，并非没有风险，特别是长时间禁食会导致恶病质（cachexia）。恶病质就像一场严重的旱灾，会导致严重的肌肉萎缩和脂肪流失。特别是癌症患者，对他们来说获得足够的营养至关重要。事实上，大约三分之一的癌症患者死于恶病质引起的心力衰竭或肺功能衰竭，这就是为什么只有在获得医疗团队的许可后才可以进行长时间禁食。

简而言之，间歇性禁食、自噬和癌症之间的联系是一个正在发展的重要研究领域。在我们等待更多研究结果的同时，必须记住，饮食方式的任何改变，特别是在患有癌症等疾病的情况下，都应该在医疗保健专业人员的指导下进行。

结论： 在减肥、控制2型糖尿病以及其他代谢性疾病方面，间歇性禁食是一种完全可行的策略。间歇性禁食的大部分好处主要归因于简单的热量限制——然而在某些情况下，间歇性禁食似乎要优于常规节食。比如，晨间限时进食更有助于改善代谢健康、食欲以及减肥。此外，有证据表明长时间禁食在特定癌症治疗方案中能够带来好处。尽管如此，间歇性禁食与进食失调症状的加重有关。因此，如果你需要遵循严格的"饮食规则"，那么间歇性禁食可能不适合你。[22]

饮食误区 No.3：纯素饮食总是健康的

如今，走进任何一家植物基咖啡馆或餐厅，你都会被琳琅满目的选择所淹没。从纯素芝士通心粉和"流血"的甜菜根汉堡，到蔬菜咖喱煲和素食版肯德基炸鸡。纯素饮食不再意味着一碗干巴巴的无味莴苣叶、湿漉漉的豆腐和几颗寡淡无味的毛豆。

如今，英国每五个人中就有一人是纯素食者，并且"植物基"替代品正变得越来越受欢迎。纯素食产业的价值已经超过268亿美元，并且预计到2030年将超过650亿美元。[23] 即使那些暂时不准备放弃牛排或早餐培根的人，也在减少动物性食品的摄入量。英国有三分之一的消费者定期过"无肉日"，近三分之一的人定期购买植物"奶"（尽管植物不会分泌乳汁）。大量的运动和倡议，如英国的"一月素食（Veganuary）"①活动，已经促使如肯德基、麦当劳、Greggs②和必胜客等诸多大品牌提供纯素食替代品。有一种说法是，遵循"植物基"饮食将减少动物的痛苦、拯救环境、改善我们的健康并延长我们的预期寿命。但是，纯素饮食真的是我们和地球的"救世主"吗？

与那些遵循生酮饮食的人一样，纯素食者的BMI通常较低，患心脏病和2型糖尿病的风险也较低。这些好处的很大一部分仅仅是由于植物性食物的热量较低，纤维和微量营养素含量较高，因此很难摄入过量并导致超重。许多研究还探讨了植物基饮食对健康和长寿

---

① "一月素食"是一项由英国一家非营利性组织举办的、一年一度的挑战活动，旨在通过鼓励人们在一月份遵循纯素的生活方式来推广素食主义。

② 英国知名的连锁面包店品牌。

的影响,但这在很大程度上取决于具体的饮食习惯。一项对40项观察性研究(参与人数超过19万)进行的Meta分析发现,与杂食者相比,纯素食者摄入的饱和脂肪较少,同时其BMI、腰围、低密度脂蛋白、血压和血糖水平也较低。[24]这就是为什么其他多项研究的分析显示,纯素食者患心血管疾病的风险降低了10%。[25]

然而,"不健康"的植物基饮食富含精制谷物、土豆、甜食和添加糖,其中纤维、不饱和脂肪和抗氧化剂含量较低,这会增加心血管疾病的发病风险。研究人员在对中国台湾的几项大型研究进行分析后发现,与肉食对照组相比,纯素饮食在改善心血管代谢血液标志物方面并不占优势。这可能与台湾人的主食富含米饭、蔬菜(西蓝花、芦笋和胡萝卜等)、面条、汤品以及海鲜和肉类有关。

饮食的背景很重要。如果你从充满超加工零食、炸肉以及诱人的过甜糕点的标准西方饮食转向纯素饮食,那么你的健康状况当然会得到改善,感觉也会好很多——即使你的纯素饮食并不完美。因为当你遵循纯素饮食,你的蔬菜、水果、豆类和谷物的摄入量必然会增加,这对你的整体健康大有裨益,尽管你的肠道一开始可能会感到有些不适(我们将在"肠道微生物组"一章中详细讨论这一点)。但是,当你在受控环境中比较"健康"纯素食者和遵循地中海饮食(Mediterranean diet,MD)的健康杂食者的饮食时,对比结果就没有那么明显了。

在一项研究中,24名健康的年轻成年人在**自由**饮食(这意味着他们会吃到满意为止)的前提下,遵循了为期4周的纯素食或地中海饮食。[26]两组受试者都改变了饮食方式,减少了饱和脂肪的摄入量并增加了纤维的摄入量。虽然纯素饮食者的胆固醇水平和体重的下降程度更为显著,但地中海式饮食在改善微血管功能(血管健康)

方面的作用更强。这可能是由于多酚含量的相对增加,因为多酚存在于橄榄油中①。同时,绿叶蔬菜和甜菜根等富含硝酸盐的蔬菜可以扩张血管。同样,研究人员得出结论,虽然这两种饮食方式都可能降低心血管疾病的发病风险,但地中海饮食在这方面似乎更胜一筹,因为它能改善血管的舒张能力。

一项为期12周的"心血管疾病预防与素食饮食(Cardiovascular Prevention with Vegetarian Diet,CARDIVEG)"研究在对地中海饮食与蛋奶素饮食(lacto-ovo vegetarian diet)②进行比较后也得到类似的结果。尽管这两种饮食方法都可以减轻体重并减少脂肪,但蛋奶素食饮食能更有效地降低低密度脂蛋白水平,而地中海饮食则能更显著地降低甘油三酯水平。(27)

事实上,几乎任何饮食模式都可能产生很好或者很糟的效果(除了限制多种食物的饮食模式,比如纯肉饮食)。在注重健康的纯素饮食中,超加工低纤维植物替代品的含量会很低。同时,这种饮食方式注重摄入全谷物、水果和蔬菜,并从黄豆、天贝③(tempeh)、毛豆和小麦蛋白中摄取足量的蛋白质。此外,它还会优先考虑从豆类、坚果、植物油和种子中获得适量的不饱和脂肪酸。

纯素饮食的注意事项

纯素食者在选择饮食时需要特别注意几个方面。其中一个方面

---

① 橄榄油是地中海饮食的重要组成部分。
② 蛋奶素饮食是一种以植物为主的饮食,不包括肉类、鱼类和家禽,但包括乳制品和鸡蛋。
③ 一种传统的印尼食品,由发酵过的黄豆制成并经过微生物的分解。

是，纯素食者缺乏维生素 B_{12} 和铁的风险增加。因为这两种营养素通常在动物性食品中含量较高，而在植物和谷物中的含量较低。维生素 B_{12} 缺乏症（表现为疲倦、情绪不稳和手脚发麻）在纯素食者中很常见，如果不服用 B_{12} 补充剂，那么纯素食者患维生素 B_{12} 缺乏症的风险就会大幅增加。[28] 血红蛋白负责将氧气运送至全身，而铁是制造血红蛋白的必需元素。纯素食者体内的铁元素含量往往较低，因此他们患缺铁性贫血的风险较高。[29] 这是因为豆类、绿叶蔬菜和坚果中铁元素（非血红素铁）的生物利用率①不高（只有1%～10%被人体吸收）。[30] 因此，与吃肉的人相比，纯素食者需要的铁是每日建议摄入量（RDI）的1.8倍。富含铁的植物性食物包括红芸豆、豆腐等，每杯煮熟的红芸豆的铁元素含量约为6毫克（每日建议摄入量的35%），6盎司②豆腐的铁元素含量为2.5毫克（每日建议摄入量的14%）。

也许最令人担忧的是儿童中纯素食主义的兴起。虽然有可能养育出健康的纯素食儿童，但这并不是一件容易的事情。一旦出现过失，可能会带来严重后果。研究表明，纯素食儿童通常更矮小，并且某些营养素，如核黄素和维生素 B_{12} 的水平较低。因缺乏这类营养素而导致的极端情况已经造成一些备受关注的死亡事件。[31] 法国等一些国家已经通过立法，规定将孩子作为纯素食者抚养是一种过失犯罪，所有学校提供的餐食必须包含肉类和动物性食品。随着纯素食主义在青少年中越来越流行，有新证据表明，大约50%的神经性厌食症（anorexia nervosa）患者尝试过某种形式的素食或纯素饮食。[32] 从心

---

① 生物利用率用来评价营养素经口摄入后被肠道吸收、在代谢过程中所起的作用或在体内被利用的程度。

② 1盎司（oz）等于28.3495克。

理学角度来看,有人认为纯素饮食通过提供明确的饮食原则,可以简化进食障碍患者的生活。然而,这可能会导致这些患者将"选择"成为纯素食者作为幌子,从而在心理上加重对食物的限制,进而导致进食障碍变得更加严重。[33]

结论: 如果纯素饮食中含有经过最低限度加工的全植物食品,那么纯素饮食的效果会非常好,但必须注意一些问题。确保摄入添加了大量维生素 B_{12} 的食物,如植物奶、早餐麦片、涂抹酱和豆制品,并服用维生素 B_{12} 补充剂以防万一。富含铁的食物包括强化谷物、黄豆、小扁豆、腰果和奇亚籽。如果你发现自己在饮食上存在问题,或者有时过度担忧健康问题,那么纯素饮食对你而言可能并不是一种明智的选择。

饮食误区 No.4:动物蛋白要优于植物蛋白

蛋白质质量经常出现在纯素食者和杂食者的争论中,尤其是在健身界。"动物蛋白更胜一筹"这一观点对于许多人来说都是一个容易引起激烈争论的话题。人们认为,肉、鱼、蛋和乳清(乳制品)等动物来源的蛋白质是"完全"蛋白质,因为它们含有全部9种必需氨基酸且含量充足,而只有黄豆、豌豆和藜麦等少数植物来源的蛋白质接近这一标准。另外,植物蛋白中的纤维会阻碍酶接触蛋白质,从而降低蛋白质的消化率。[34]然而,动物蛋白和植物蛋白的主要区别在于,动物蛋白质中亮氨酸(leucine)含量明显更高。

在增肌过程中，亮氨酸是最重要的氨基酸，因为它主要负责刺激肌肉蛋白质合成（肌肉增长反应）。[35]健身界的另一个关注点是，与动物蛋白相比，植物蛋白的单位热量蛋白质密度较低——也就是说，如果身材魁梧的"健身达人"想要达到每天200克的蛋白质摄入量，那么他们需要吃掉整整6块豆腐或11杯小扁豆。相比之下，杂食者只需吃掉3块中等大小的鸡胸肉、2个鸡蛋和1品脱①牛奶就可以了。

尽管如此，将高蛋白植物基饮食（根据个体体重，大于1.6g/kg）与杂食性饮食进行直接比较的研究发现，这两种饮食方式在肌肉生长或肌肉力量方面的影响似乎并没有显著差异。[36]但需要注意的是，这些研究都是短期的，而增肌是一个长期的过程，所以很难在短期内找到统计学上的差异。因此，我们不确定高蛋白植物基饮食能否在长时间段内产生类似的增肌效果。

当谈到动物蛋白和植物蛋白的营养质量时，还需要考虑其他方面。虽然植物蛋白和动物蛋白之间的吸收率存在显著差异，但只要摄入足够的蛋白质，这些差异也许可以忽略不计。但我们并不知道"足够"具体意味着多少，一般来说越多越好。为了评估我们能从特定食物中获取多少营养素，我们使用生物利用率数据。这些数据基于一些评分标准，例如可消化必需氨基酸评分（Digestible Indispensable Amino Acid Score，DIAAS），该评分标准用于评估给猪喂食未经加工的植物蛋白的消化率和吸收率。[37]虽然与大鼠的消化道相比，人类的消化道与猪的消化道更相似，但说到底我们并不是猪（反正我们大多数人不是猪），所以这种评估方式并不是很精确。

---

① 英制1品脱约等于568毫升。

当我们评估经过适当加工——在食用前浸泡、发芽或者烹饪——的植物蛋白对人类的影响时，与动物蛋白相比，两者之间的生物利用率的差异要小得多。但是，我们需要认识到这些食物中的营养存在差异。例如，小扁豆含有丰富的不饱和脂肪、植物营养素和纤维，所有这些都非常有益健康。相比之下，肋眼牛排的蛋白质密度虽然高得多，但其饱和脂肪含量高，纤维含量低。因此，当我们讨论蛋白质的质量时，我们应该考虑富含蛋白质的食物对整体健康的影响，而不仅仅是它们能否让你的肱二头肌增加一英寸[①]。另外，对于因食欲下降而未能摄入足量蛋白质以及因地理位置或低收入而难以获得不同食物的老年人群体而言，饱和脂肪含量较低的动物瘦肉蛋白可能更有利于他们的整体健康以及肌肉的保留。

结论： 如果你拥有充足的食物、足够的收入并且能够从各种各样的植物性食物中摄取足量的蛋白质（大于1.6g/kg），那么植物蛋白和动物蛋白在增肌效果上可能不会产生太大的差别。话虽如此，除了富含脂肪的鱼类和低脂乳制品外，加工程度最低的植物蛋白通常比动物蛋白更有益于健康。

饮食误区 No.5：生产肉类不会对环境造成危害

许多人选择纯素饮食是出于对环境问题的担忧。不可持续的毁

---

① 1英寸等于2.54厘米。

林开荒导致每年多达150亿棵树木被砍伐，这是全球生物多样性丧失的主要原因。此外，这还威胁我们的气候。因为森林不仅可以调节降水量、保持土壤质量，还能吸收二氧化碳。扰乱这一系统意味着释放出储存的温室气体，在导致全球变暖的因素中占比约10%。因此，停止砍伐森林是解决气候危机的关键所在。

在各种各样的农业活动中，肉类和乳制品产业最具危害性，因为它们会排放出大量的污染物和温室气体，并且需要消耗化石燃料、水资源和土地。全球一半的宜居土地用于农业，主要用于饲养牲畜或种植饲料，这会造成巨大的碳排放量。研究表明，转向植物基饮食可使农业用地减少75%，腾出的空间相当于整个北美洲和巴西的总和。[38]

即使不完全采用纯素饮食，减少红肉和乳制品的摄入量也可以大幅减少农业用地的使用，因为这将减少对牧场和农作物种植的需求。原因在于能量从植物到动物再到人类的转换效率低下。例如，牛肉的能量效率仅为2%，这意味着每喂一头牛100千卡①的能量，只能生产出2千卡的牛肉。[39]因此，减少红肉消费可以降低热量损失并减少对农田的需求，从而使自然植被和生态系统得以恢复。

尽管很多人认为纯素饮食很健康，但事实并非如此。纯素饮食所带来的大部分好处实际上源于摄入更多种类和数量的植物性食物和富含纤维的食物，但这应该是所有健康饮食模式的目标。就像任何饮食一样，纯素饮食可能会非常健康，也可能会非常不健康。随着超加工纯素"垃圾"食品的出现，仅仅转向植物基饮食并不能保

---

① 1千卡等于4.184千焦。

证改善健康状况。最佳的饮食模式应包括各种各样的植物性食物，如全谷物、大量水果和蔬菜、充足的蛋白质（来自黄豆、天贝、毛豆和小麦蛋白）以及足够的不饱和脂肪酸（来自豆类、坚果、植物油和种子）。至于增肌，只要你每天从各种各样的植物蛋白中摄入大于1.6g/kg的蛋白质，那么你就不必担心失去很多肌肉。无论如何，你的锻炼强度和进度总是更重要的。

即使你不想成为一名纯素食者，也可以考虑减少肉类和乳制品的摄入，这将对环境和全球变暖产生巨大的积极影响。如果每个人（有条件做到的人）每周有一天不吃肉类和乳制品，从长远来看，我们都会从中受益。

结论：纯素饮食并不总是健康的，健康与否取决于你所摄入的植物基食物。然而，这类饮食方式始终对环境更加友好。减少肉类摄入量以及增加植物基食物的摄入量（即使只是少量增加）将会对环境的可持续性发展产生积极影响。

饮食误区 No.6：纯肉饮食很健康

纯肉饮食是肉食爱好者的梦想。汉堡肉饼、鸡蛋、奶酪和滴着黄油的牛排？你可能会在想："这太让人心动了！"在这种饮食方式中，你每餐都吃肉或动物性食品。你可以把它看作加强版的生酮饮食。但与生酮饮食不同的是，生酮饮食将碳水化合物和植物性食物限制在较低水平，而纯肉饮食则完全排除包括蔬菜、水果、谷物、豆类、坚果和种子在内的所有植物性食物。

纯肉饮食的支持者声称，这种饮食方式可以改善思维清晰度、提高精力、改善肠道健康并促进自身免疫性疾病和慢性疾病的治疗。纯肉饮食最近的名声大噪在一定程度上要归功于一位叫肖恩·贝克（Shawn Baker）的骨科医生，他在2018年出版了《纯肉饮食》(*The Carnivore Diet*)一书。不出所料，这本书充满了对"祖先论"的呼吁，以及人们通过遵循这种饮食奇迹般地治愈了疾病的逸事。

诉诸祖先或传统是一种逻辑错误，因为这种观点认为一种实践或信仰之所以正确或者具有优越性，仅仅是因为它已经存在了很长时间。纯肉饮食的核心理念是，我们应该像强壮的狩猎采集者和穴居人那样进食。如果这些人知道肉并不是当时人们唯一的食物就好了。事实上，穴居人的饮食主要包括水果、蔬菜、树叶、花朵、树皮、昆虫……然后才是一些肉。或许我应该提一下，新墨西哥州医学委员会于2017年吊销了贝克的行医执照。

植物有毒？

肉食的狂热爱好者经常声称植物性食物是有毒的，因为某些蔬菜含有诸如凝集素和植酸（存在于豆类、豆荚类植物和全谷物中，据说会损害肠道）或异氰酸酯（存在于十字花科蔬菜中，据说会损害甲状腺）等化合物。

为了节省你的时间和精力，我们现在就来揭穿其中一种所谓的有毒化合物。植酸经常被纯肉食者称为"抗营养素（anti-nutrient）"，因为它会影响铁和锌等矿物质的吸收。[40]但这只是其中一个方面。

为什么不提豆类实际上含有大量锌，而食用豆类的人通常不会缺乏这类矿物质？或者只需简单地烹饪或浸泡豆类，就可以将植酸含量减少80%？[41]更何况植酸其实还会带来很多好处。比如，它可以减少氧化应激、降低血清胆固醇水平以及预防肾结石的形成，并通过抑制淀粉酶（一种将碳水化合物分解为单糖的酶）的活性来改善血糖反应。[42]如果植酸真的有问题，那么我们会看到富含植酸的食物增加患病风险的证据。然而，对豆类食物和健康结果进行的23项队列研究和随机对照试验的Meta分析显示，心血管疾病和心脏病的发病风险分别降低了11%和22%，甚至有证据显示食用豆类食物可以减缓某些癌细胞的生长速度。[43]尽管豆类食物可能会让你放屁[如果你的肠道不适应它们，或者你患有肠易激综合征（IBS）]，但至少你在放屁时会很健康！

肉类有毒？

具有讽刺意味的是，肉类中的许多化合物都可以被认为是"有毒的"。例如，你知道牛肉中含有少量甲醛吗？甲醛是一种有毒物质……显然，牛肉对健康有害，对吧？类似地，存在于红肉和肝脏中的胆碱是各种代谢过程中必不可少的化合物。但当我们在肠道中分解胆碱时，它会产生一种叫氧化三甲胺（trimethylamine N-oxide，TMAO）的次生代谢产物或副产物。研究表明，氧化三甲胺会增加大鼠和人类罹患原发性肝癌的风险。[44]更不用说血红素铁和杂环胺（heterocyclic amines，HCAs）了，因为有数据显示这些肉类化合物具有致癌和导致动脉粥样硬化的特性。[45]

所以，你看到了吗？随便从食物中挑出一种化合物并声称它对我们有害是一件多么容易的事？重要的是剂量。如果你从种子、坚果和豆类中提取植酸并大量食用，或者从牛肉中提取血红素铁并将其浓缩成药丸服用，那么是的，这很可能会产生负面影响。然而，这完全不合逻辑。因为我们并不是单独食用这些化合物，含有这些化合物的食物中还含有大量不同的营养物质，对健康的影响也各不相同。更何况，植物中的"有毒物质"剂量非常小，因此它们不会对身体产生有害影响，而是会产生"毒物兴奋效应（hormetic effect）"，即身体在应对压力源时会产生有益的适应性变化。

许多人每天都有这样一个习惯——它会增加体内炎症，引起氧化应激和细胞损伤，并导致血压升高。[46]这听起来很糟糕，对吧？但我说的是运动。尽管运动是一种压力源，但随着时间的推移，它会使身体产生有益的适应性变化，给我们的心脏、肺部、肌肉、骨骼和大脑带来极大的好处。举重也会产生同样的影响。尽管负重深蹲会造成短期损伤、疼痛和炎症，但从长远来看，它会增强肌肉的功能，改变肌肉的大小，增加肌肉力量并让骨骼变得更健康。同样，人们认为小时候在泥土中玩耍可以使身体建立免疫力，并降低患自身免疫性疾病和过敏性疾病的风险——这被称为卫生假说（hygiene hypothesis）。[47]

此外，植物的"毒素"甚至没有毒性。因为毒素（一种有毒物质）的定义要求它在一定剂量下对身体有害，而食物中的剂量绝对不符合这一要求。事实上，一项涵盖96个系统综述的研究表明，所有关于植物性食物和健康结果的人类证据一致显示，水果和蔬菜能够给健康带来极大的好处，并且能够显著降低心血管疾病、糖尿病、

肝病、癌症、骨骼疾病和各种原因导致的死亡风险。(48)

关于纯肉饮食的一个严重误解

纯肉饮食的潜在负面影响令人担忧。正如我们在生酮饮食中所看到的那样，避免摄入所有的植物性食物，同时摄入大量红肉和饱和脂肪，会对健康产生不利影响。超过171项研究发现，每天摄入超过50克红肉会使结肠癌的发病风险增加21%。(49)而纯肉饮食中的红肉摄入量远远超过了这一阈值，因此实际增加的癌症风险不得而知。更不用说，当饱和脂肪摄入量超过总能量的10%（25~30克）时，心血管疾病的发病率将大幅增加！一项对15组对照人体试验进行的Meta分析表明，减少饱和脂肪的摄入量可将心血管疾病的综合发病率降低21%。(50)

有一则逸事完美地证明了这一点：迈克尔·赖利（Michael Reilly）是一个有家室的年轻人，感觉自己非常幸福。他拥有轮廓分明的腹肌，每周进行5次有氧训练并练习举重。然而在2021年12月，他被查出有三根堵塞的动脉并患有心脏病，随后还发生了脑卒中。

那么，这种情况是怎么发生的呢？自2016年以来，他一直采用低碳水化合物的纯肉饮食方式，低密度脂蛋白胆固醇水平超过190mg/dL①。幸运的是，动脉搭桥手术挽救了他的生命。如果你正在考虑纯肉饮食，那么请记住迈克尔的故事。你无法"感觉到"低密度脂蛋白颗粒在你的动脉中形成斑块，无法"感觉到"肠道中癌症

---

① 正常值通常低于150mg/dL。

的发生过程，你也无法"感觉到"系统性炎症在悄然逼近并破坏全身的细胞。这些问题会突然出现在你身上，等你意识到时，可能为时已晚。

结论：纯肉饮食是一种限制极其严格且不健康的饮食模式。其倡导者所依赖的机制基础主要源于动物或细胞培养研究，并且他们选择忽略大量表明摄入植物性食物对健康有益的人类证据。有关纯肉饮食健康风险的长期数据很可能会在未来十几年内公布，由于这种饮食方式比生酮饮食更为苛刻，我不认为未来发布的结果会很乐观。因此，在相关数据发布之前，请不要用自己的生命做赌注。这不值得。

饮食误区 No.7：地中海饮食被过度炒作

如今，当我们谈到"饮食"时，通常想到的是某种限制性的饮食方式，旨在帮助我们实现特定目标，比如减肥。然而，地中海饮食与这类饮食方式截然不同。相反，它倡导一种包含希腊、西班牙、意大利和法国等地中海周边国家主食的饮食模式。然而，这种饮食方式的一个重要方面经常被忽视，那就是对社交群体的重视。试想一下，你的家人和朋友围坐在宽大的餐桌旁，笑声不断，共享美食。这种饮食模式不仅会对心理健康产生奇妙的影响，还对身体健康大有裨益。也就是说，我们所享用的食物以及对我们心理产生影响的社交环境，可以共同对我们的健康产生积极作用。

地中海饮食的关键在于强调遵循以植物为主的饮食方式：

- 饮食中富含蔬菜、水果、全谷物、豆类、坚果和种子，并尽量少加工。
- 橄榄油作为脂肪的主要来源。
- 奶酪和酸奶，每日摄入少量至适量。
- 鱼类和禽肉，每周摄入几次，少量至适量。
- 红肉，偶尔且少量摄入。

这种饮食方式几乎没有给加工食品留出空间。你看到的一盘食物应该是色彩缤纷的，包含各种各样的食材。

在观察性研究和对照研究中，地中海饮食多次被证明有益于心脏健康。一项对41项研究进行的Meta分析显示，与那些最不遵循地中海饮食的人相比，最遵循该饮食方式的人患心血管疾病的风险降低了21%~38%。[51] 研究还表明，地中海饮食可以有效帮助人们减肥，这主要归功于其强调摄入尽可能少加工的营养食品以及适量摄入各种食物。[52]

然而，这种饮食方式可能会很昂贵，而且并不适合所有人。由于粮食短缺、生活成本危机、政府缺乏使未加工食品更便宜的健康食品政策、食品难以获得或者缺少时间等，许多人被迫购买"加工"食品或即食食品。但请记住一点：食用加工食品并不意味着你的健康状况一定会很差。许多价格实惠、通常被妖魔化的加工食品对你是有益的，比如罐装豆子、蛋白粉、豆奶、冷冻蔬菜、坚果酱、豆腐、罐装鱼、鹰嘴豆泥、烤鸡肉、预制米饭、小扁豆以及意大利面包。

结论：除了价格可能较为昂贵之外，地中海饮食几乎没有什么负面评价。它是一种极好的促进健康的饮食模式，涵盖了我们在本书中讨论的大部分预防性健康饮食原则。

饮食误区 No.8：饮食与血型有关

1996年，一本畅销书声称，根据自己的血型来选择饮食方式，人们可以变得更健康、更长寿并达到理想体重。该书认为，一个人对调味品、香料，甚至运动方式的选择都应该取决于其血型。这本书非常畅销，引发了人们研究自己的血型、修改食品清单并改变饮食方式的浪潮。

该书的主张包括，O型血的人应该吃海鲜、西蓝花和红肉，并进行高强度的有氧运动来减肥；而为了达到同样的效果，A型血的人则应该吃蔬菜、菠萝、橄榄油和黄豆。就此打住吧！2013年，一项系统综述深入研究了医学期刊，试图找到任何支持这种饮食功效的证据，结果……一无所获。[53] 最近十年的研究表明，血型饮食可以改善某些健康指标，但这些好处与任何人的血型都无关。

结论： 尽管血型饮食中的一些建议（如多吃西蓝花）可能改善你的健康状况，但这与你的血型毫无关系。与许多流行的饮食一样，这只是另一个虚构的、未经证实的假设，很容易被真相所推翻。[54]

饮食误区 No.9：碱性食物比酸性食物更好

碱性饮食的核心理论是，疾病的根本原因在于体内酸性过高。因此，为了治疗和治愈疾病（据说甚至包括癌症），应该避免食用肉类、鱼类和小扁豆等"酸性食物"，并用水果和蔬菜等"碱性食物"替代。罗伯特·奥尔德姆·杨（Robert Oldham Young）被广泛认为是这种饮食的创始人。他出版了多本该主题的书籍，其中包括销量达数百万册的《酸碱奇迹》(*The pH Miracle*)。他声称，在消化食物的过程中会产生酸性或碱性副产物，这些副产物会影响人们罹患疾病和癌症的风险。

然而，由于人体酸碱内环境稳定，饮食几乎不可能影响血液的pH值。让我们血液的pH值保持在非常狭窄的范围内（7.35~7.45）至关重要[55]，如果血液的pH值超出这一范围就会有致命的危险，例如糖尿病酮症酸中毒或碱中毒引起的心律失常。这就是为什么我们的身体通过以下机制来调节血液的pH值：呼出二氧化碳（酸性）、肾脏产生碳酸氢盐（碱性）或通过尿液排出酸性物质。因此，食物实际上无法改变我们血液的pH值。

2016年的一项系统综述发现了一项关于碱性饮食的研究，毫不意外，得出的结论是没有证据支持这种饮食方法的有效性。[56]最近有证据表明，饮食酸负荷（dietary acid load）可能会轻微影响骨密度，但这取决于酸负荷的测量方式。[57]可能是由于食物的营养成分不同，而不是其"酸度"不同。哦，还有一件事要告诉你，2017年，杨先生因在其牧场非法行医而被定罪。

结论：如果你正在考虑拒绝循证医学①疗法，而选择碱性饮食作为癌症（或任何其他疾病）的治疗方法，请不要这样做。虽然一些证据表明某些饮食方式可以减缓癌症的进展，或者作为化疗的辅助治疗方式，但饮食不能治愈癌症。许多人可以从增加水果和蔬菜的摄入量中受益，但这与碱性饮食无关。

饮食误区 No.10：排毒饮食值得信赖

"排毒"一词出现在了最近的健康热潮中。在此之前，"排毒"专指一种旨在清除体内危险的，通常会危及生命的酒精、药物或毒素的医学疗法。我还记得，当我的几个病人来到医院时，他们由于注射各种街头毒品和未知物质的混合物而产生了幻觉。这些患者会接受医学排毒治疗，其中包括使用专门的药物和疗法来帮助保护身体，同时试图排出有害化合物。我们给过量注射毒品的患者使用的其中一种物质是活性炭——它能够与胃中的毒素结合，防止毒素被吸收。[58]

目前，健康产业大力推广的排毒方案种类繁多，其中包括果汁排毒、药丸补充剂、排毒茶、重金属甚至寄生虫排毒。千禧一代对排毒的需求似乎源于对洁净的痴迷，以及快节奏、偶尔放纵的生活方式带来的内疚感，这让我们精疲力竭。几滴排毒液就能解决多年

---

① 循证医学是指把最佳的研究证据应用于临床实践，在充分考虑患者意愿和医疗条件的前提下，医务人员认真、明智、深思熟虑地结合证据和自己的专业知识、经验进行临床决策。

来的压力、酗酒、睡眠问题以及时速高达100英里①的快节奏生活所带来的问题,这一概念无疑很有吸引力。它宣扬了这样一种观点,即我们所处的环境或生活方式是"有毒的",我们需要通过自主排毒才能保持健康。这种观点之所以很有吸引力,是因为它满足了人们希望一劳永逸地解决所有问题的愿望,而不是专注于改变生活方式,以实现长期有意义的改变。

我并不是说我们不能通过合理的饮食和锻炼来帮助身体排毒。但是,人体有许多复杂的排毒机制,这些机制比你能想出的任何办法都聪明得多。你的肝脏、肾脏、肠道、皮肤和肺部在排毒的过程中都发挥着至关重要的作用。[59]

重要的是,几乎所有销售"排毒"产品的公司和倡导者做出的声明都是完全没有根据的。是的,"排毒"产品不会治愈你的自身免疫性疾病、抑郁症、自闭症或注意缺陷与多动障碍(具有讽刺意味的是,这些产品的宣传语反而会羞辱患有这些疾病的人,给他们贴上"不洁"或者"有毒"的标签)。是的,它们不能解决你的皮肤或肠道问题。尽管有一些证据表明"重金属排毒"产品可以去除体内的一些矿物质,但这类产品无法区分必需矿物质和非必需矿物质,并且已有证据表明它们会降低钠和钙的水平。[60]最后,即使一些不需要的矿物质被排出体外,也没有证据表明这个过程可以有效治疗任何疾病或改善症状。

结论: 任何形式的"排毒"饮食或者产品很可能没有受到监管,甚至是彻头彻尾的骗局,可能会非常危险。身体本身就有能力处理

---

① 1英里约等于1.61公里。

潜在的有害化合物，如果接触到致病的毒素（比如在建筑工作中接触到大量石棉），那就不是一颗药丸或者一瓶排毒果汁能够解决的问题。关注本书中的生活方式原则是帮助身体排毒的最佳方式。

饮食误区 No.11：增肌需要大量蛋白质

对于那些为了锻炼或增强力量而训练的人来说，为了优化在健身房中的表现并获得梦寐以求的肌肉增长，在训练前后应该如何吃、吃什么以及何时吃方面，存在很多令人困惑和错误的信息。

首先，我想说明一点：你可以随意摄入蛋白质，无论是数量还是次数。但如果你在健身房的训练强度和训练量不足，那么你很快就会达到肌肉增长的瓶颈。其次，增肌所需的蛋白质含量取决于具体情况、你的竞技水平（你是业余运动员还是高水平竞技者）以及你的目标。

重要的是，蛋白质的每日建议摄入量为0.8g/kg，但这只是为了防止蛋白质摄入不足而对健康产生不利影响（如指甲和头发变脆、体液平衡失调、虚弱、疲劳、腹泻）的最低标准。对健康而言，这并不是"最佳摄入量"。当蛋白质的每日摄入量达到1.2~1.6g/kg时，对大多数寻求改善健康状况的人来说就足够了。[61] 不过，在考虑到增肌和提高运动表现时，如果从饮食中摄入的能量充足（与消耗的热量持平或者超过消耗的热量，这意味着摄入的热量至少要和消耗的热量相等），那么1.6g/kg确实是最佳摄入量。超过这个量到

1.6~2.2g/kg也是完全可以的，但这种摄入量遵循收益递减法则，也就是说，你获得的好处会非常少。(62)

对一个体重80千克的成年人来说，按照1.6g/kg的摄入标准相当于摄入128克的蛋白质。用实际食物来说，这相当于两块鸡胸肉和一品脱牛奶。对纯素食者而言，这相当于一份豆奶蛋白饮料、一块豆腐、一杯小扁豆和一些燕麦。现在，如果你正在积极节食、减肥或者是一个高级别运动员（通常定义为连续训练超过5年），有一些证据表明，每天摄入超过2.2g/kg的蛋白质可以更好地保持瘦体重①并优化运动表现。(63)

我们需要每隔几个小时分散摄入蛋白质吗？答案很简单：不需要。尽管世界顶尖的运动研究学者布拉德·舍恩菲尔德（Brad Schoenfeld）的研究表明，为了最大限度地促进肌肉肥大（肌肉增长），人们应该每天至少分4餐摄入蛋白质，每餐的蛋白质摄入量为0.4g/kg。(64) 但这个结论是基于对可快速消化的蛋白质进行的研究，并且没有考虑到其他宏量营养素的影响，而实际上人们并不会采用这种进食方式。我们大多数人所做的（或至少应该做的）是摄入均衡的餐食，包括脂肪、纤维、蛋白质和碳水化合物。这样可以减慢消化速度，使蛋白质持续稳定地被释放出来。一天中蛋白质的总摄入量是促进肌肉生长的关键因素，因此只要餐食均衡，每天摄入2到3顿的高蛋白食物就足够了。

结论： 为了达到最佳健康状态，每天至少分两餐摄入1.2~1.6g/kg的蛋白质最为理想。如果你正在努力增肌并坚持训练，那么每天摄

---

① 瘦体重，也叫"去脂体重"，是除脂肪以外身体其他成分的重量。

入 1.6~2.2g/kg 的蛋白质将确保你以最快的速度增肌。如果你正在积极减肥，或者是一名具有多年训练经验的高级运动员，那么每天摄入超过 2.2g/kg 的蛋白质可能是提高运动成绩的明智之举。

要点回顾

1. **你得能坚持下去，否则任何饮食方式都不会有用。** 实际上，所有主流饮食方式的平均坚持率似乎都差不多[65]，这意味着你的饮食方式应该高度个性化，以符合你的饮食偏好和生活方式。

2. **任何饮食方式（无论是否在本书中提到）都可以通过相同的机制来减轻体重。** 即减少总热量摄入并增加热量消耗，也叫热量赤字。当你的热量摄入和蛋白质摄入保持在合理的范围内时，不同的饮食方式对体重减轻的效果影响不大。

3. **完全排除整个食物类别的过度限制性饮食（比如生酮饮食和纯肉饮食）可能会带来严重后果。** 这些后果通常在数年后才被察觉，而到那时为时已晚。如果纯素饮食者在选择食物时不够明智，也会出现类似的后果。因此，我强烈建议不要采用完全排除任意食物类别的饮食模式。

4. **间歇性禁食的好处主要归因于热量限制**，但越来越多的证据表明，与全天进食相比，晨间限时进食在心脏代谢方面可以带来更多好处，而且这些好处与体重减轻无关。其他一些前景良好的研究表明，某些限时进食方案除了有助于限制热量，还能带来额外的好处。即使不进行间歇性禁食，在一天中的早些时间摄入大部分热量似乎也是更好的选择。

5. **如果纯素食者在饮食上进行合理、多样化以及充分的规划**，那么这种饮食方式可以改善健康的许多方面。畜牧业对环境的影响令人震惊，因此无论你是否愿意成为纯素食者，都应考虑减少红肉的摄入量，增加植物性食物的摄入量。

6. **排毒疗法、碱性饮食、血型饮食以及你能想到的任何荒谬的饮食潮流都是无稽之谈，毫无科学根据**。如果你想拥有一个有益健康的饮食模式，那么不妨考虑地中海饮食。

7. **为了达到最佳的运动表现和增肌效果，你应该每天摄入超过 1.6g/kg 的蛋白质，并且最好分成两餐摄入**。如果你是高级别运动员或者试图"减脂"，那么每天摄入超过 2.2g/kg 的蛋白质更有利于保留肌肉。如果你在早上进行训练，那么在运动前的 90~120 分钟内摄入含有大量碳水化合物的餐食可以对运动表现产生积极影响。但除非你当天还要进行另一场强度较大的训练，否则在锻炼后摄入碳水化合物不会进一步促进肌肉增长或者获得更好的恢复效果。

第二部分

澄清事实

在本书的这一部分中，我们将揭穿饮食谬论，探讨健康和营养科学中一些最具争议的话题，包括炎症、作为健康指标的体重以及减肥科学。所以，请保持专注，并期待你的现有认知被颠覆吧！

炎症:"火"从口入

无论是浏览网页还是逛书店,不久后你就会发现"炎症"确实已经成为一个热门词。营销人员到处兜售"抗炎"饮食。他们推出的食谱(显然)针对特定疾病,从炎症性肠病到关节炎以及其他各种自身免疫性疾病。然而,这些营销人员中有很多人甚至不了解什么是炎症。

炎症——听起来有点吓人,是吧?这种生物反应经常受到误解和诋毁,然而它对我们的生存至关重要,在愈合伤口和对抗感染中发挥着不可或缺的作用。然而,当这位有力的盟友变成无情的敌人,引发了慢性健康问题时,会发生什么呢?我们的饮食在这种转变中又扮演了怎样的角色?本章将带你穿越一个广阔的领域,食物在这里既可以点燃炎症之火,也可以扑灭其(有时)破坏性的火焰。我们将首先揭穿一些关于这个问题的常见误区,然后深入探讨促炎和抗炎食物背后的科学原理,从而让你做出明智的饮食选择。

从全世界对糖的热爱到对Omega-6脂肪酸的激烈争论,从对乳制品的误解到五颜六色的浆果和深色绿叶蔬菜的惊人功效,我们将揭示事实与谬误。所以,请系好安全带,准备迎接一场激动人心的探索之旅。在这次旅程中,我们将了解我们所吃的食物是如何影响炎症的——无论这种影响是好还是坏。

炎症误区 No.1：种子油对健康有害

菜籽油、种子油、Omega-6！多么可怕！自从对Omega-6的憎恶成为一种潮流以来，很多人都在抱怨这些种子油（许多植物油的总称）有多糟糕，声称它们因为富含Omega-6而很容易引起炎症或心脏病。一种常见的错误观点是"美国种子油的消费量和肥胖率同时上升，因此种子油就是问题所在！"好吧，每年掉进游泳池淹死的人数实际上与尼古拉斯·凯奇每年出演的电影数量是相关的。显然，尼古拉斯·凯奇是这些死亡事件的原因！不好意思，我扯远了。

炮制出一个针对Omega-6或多不饱和脂肪酸（PUFAs）的伪科学案例是一件很容易的事情。你只需要引用几项50年前对啮齿动物进行的研究（当然，不要告诉你的观众这些研究是在大鼠身上进行的），然后使用华丽的化学术语，同时散布一些阴谋论的观点，声称我们的祖先只依赖饱和脂肪生存。但只要仔细检查，你就会发现他们的论点建立在一系列孤立的、未经证实的主张之上。接下来，让我们深入探讨一下。

人们之所以会对Omega-6引发炎症感到恐慌是基于这样的假设：身体会将最常见的Omega-6脂肪酸中的亚油酸（linoleic acid）转化为另一种叫作花生四烯酸（arachidonic acid）的脂肪酸，后者被认为会增加体内促炎细胞因子的数量。然而，这种转化过程仅在动物研究中得到证实,但人们错误地认为这也会在人类身上发生。实际上,人体并不会将大量亚油酸转化为花生四烯酸,因为这一过程的效率非常低。大量数据表明,亚油酸水平增加500%以上或降低90%并不会对血液中的血浆、血清或红细胞中的花生四烯酸水平造成显著影响。[1]即使在可能影响的少数情况下,花生四烯酸在多种炎症通路中既能充当促炎介质,也能充当抗炎介质。[2]

既然我们已经摧毁了恐慌制造者的整个机制基础,接下来让我们来看看有关Omega-6摄入和体内炎症的真实结果数据吧。对智人(而非啮齿动物)进行的研究表明,摄入大量Omega-6似乎不会加剧炎症过程。[3]最近,一项对83项对照人体研究进行的Meta分析[实际上是由我所在的大学和我以前的研究方法讲师李·胡珀(Lee Hooper)进行的]证实了这一点。他们汇总了对已患有和未患有炎症性肠病的人进行的各种研究,发现增加Omega-3、Omega-6或多不饱和脂肪酸摄入量对炎症标志物或疾病风险几乎没有或完全没有影响。[4]

当然,种子油并不完全由Omega-6脂肪酸组成。它们中的大部分实际上是单不饱和脂肪酸(MUFAs)。所以,暂时先不谈Omega-6,让我们看看食用油本身是否对健康有害。

在对所有主要食用油(包括菜籽油、花生油和玉米油)进行测试后发现,与黄油或猪油相比,所有植物油在降低总胆固醇和低密度脂蛋白("坏"胆固醇)方面都更有效。这意味着植物油能够有效降低与心脏病和糖尿病等疾病相关的风险因素,尤其是在用作其他脂肪的替代品时。[5]实际上,多项研究表明植物油具有抗炎作用,并且在评估的10项人体研究中,没有一项显示植物油会引起炎症反应![6]

但人们经常这样反驳:"当你用它们做饭时,它们就会被氧化,从而引起炎症。"是的，如果你加热种子油并长时间保持在足够高的温度下，比如油炸，确实会形成反式不饱和脂肪。这些脂肪本质上会损害我们的健康，增加患心脏病和死亡的风险，而且确实具有促炎性。[7]然而，在煎或烤等日常烹饪中，这种反式脂肪的转化过程不会发生。因为你没有将食用油暴露在足够高的温度下，也没有将它们烹饪足够长的时间来形成反式脂肪。因此，对绝大多数家庭烹饪而言，这并不是什么需要担心的问题。

最后一点，Omega-3与Omega-6的比例如何？实际上，组织中Omega-3的水平高于Omega-6确实对健康有益（组织水平含量指的是在脂肪、细胞膜、肌肉或心脏、肝脏等器官内的含量）。然而，几乎没有证据表明血清水平或膳食水平对组织水平有很大影响。

结论： 多不饱和脂肪酸、Omega-6和种子油并不具有致炎性，也没有强有力的证据表明它们是慢性疾病的诱因。事实上，多项人体研究表明它们甚至具有抗炎作用！反对这一观点的人精心挑选了孤立的、存在设计缺陷的研究（主要是在动物身上进行的），而忽略了来自全人群观察性研究、生物标志物研究、代谢病房研究和人体干预研究的多种趋同证据。

炎症误区 No.2：
饮用其他哺乳动物的乳汁对人类健康有害

对我们许多人来说，乳制品是每餐都会摄入的食品，但你是否曾在喝了一杯牛奶或者吃掉一份冰激凌后感到胃痉挛？或者你是否注意到，才吃了几口马苏里拉奶酪，你就感觉且看上去像怀孕了5个月一样？嗯，我确实有过这种经历。

人们普遍认为乳制品会引起炎症。因此，如果出现腹胀、胀气或者胃部不适，人们通常会自动将这些症状归咎于炎症。"人类是唯一喝其他哺乳动物乳汁的物种"，这句话经常被用来暗示人类摄入乳制品不符合自然规律，因此乳制品会对人类健康产生不利影响。但是请记住，人类也是唯一会做饭、开车、在餐馆用餐以及从社交媒体获取信息的物种，所以我们也应该停止做这些事情吗？

人们认为乳制品具有致炎作用的另一个原因是其饱和脂肪含量高。大量证据表明，饱和脂肪摄入量与C-反应蛋白（CRP）的升高呈正相关，而C-反应蛋白是反映体内炎症最可靠的指标之一。[8] 2022—2025年的美国膳食指南建议将饱和脂肪摄入量限制在每天总热量的10%以下。但是等等！乳制品还含有有益的短链脂肪酸和其他对心脏和代谢有益的营养素。这难道不是与我们对饱和脂肪的认知相矛盾吗？

在我们深入讨论之前，需要了解的是，"乳制品"包括一系列形态和加工方法各异的食品。比如，食品制造商会通过机械方法将脂肪从液态奶中分离出来，制成全脂产品和低脂产品。此外，还有发酵食品（如开菲尔[①]、酸奶和奶酪），其中的生物活性肽可能会为肠道健康和与代谢相关的血液指标带来额外的好处（你可以在"肠道微生物组"一章中了解更多信息）。

---

① 开菲尔（Kefir），最古老的发酵乳制品之一，起源于高加索地区，其发酵原料为山羊奶、绵羊奶或牛奶。

也许你想知道，你的饮食中应该包含哪些类型的乳制品（如果有的话）。遗憾的是，这个问题并没有明确的答案。有些人（包括我）无法完全消化乳糖，也就是乳制品中天然存在的糖分。如果你是这种情况，那么你可能对这些症状已经非常熟悉了：胀气、放屁、腹胀和腹泻。即使你能够消化乳糖，你也可能对乳制品中的其他成分敏感。*但是，让我们回到饱和脂肪和乳制品这个话题上来……

自20世纪60年代以来，高饱和脂肪饮食一直被认为与低密度脂蛋白胆固醇水平的升高和心血管疾病有关。然而，最近的研究对此前被视为可靠证据的观点提出了怀疑。不一致的研究结果表明，不同类型的饱和脂肪可能会对血脂和心脏健康产生不同的影响。最近发表在《国际心脏病学杂志》（International Journal of Cardiology）上的一项研究充分证明了这一点，科学家们对来自英国和丹麦的75000多名参与者进行了研究。[9]

在13~18年的研究期间，约有3500名参与者心脏病发作。科学家们在仔细研究了这些人的饮食习惯和生活方式后发现，那些摄入更多短链脂肪酸（肉类中不存在这类脂肪酸）的人心脏病发作的可能性较小。另外，乳制品和某些植物中的脂肪含量较高，这些脂肪酸具有较长的碳链，似乎能够降低心脏病发作的风险。这项研究的结果与其他研究的结果相吻合，表明食物中脂肪对心脏健康的影响可能取决于其碳链的长度。[10]虽然很难确切地说哪些饱和脂肪有益，但有一致的证据表明，乳制品中的饱和脂肪对心脏健康有益。

★ 研究人员对一种叫A1β-酪蛋白的特定类型的乳蛋白进行了一些研究。这种蛋白存在于美国大部分牛奶中。但该领域的研究还处于早期阶段，我们仍在了解乳制品的其他成分及其对我们的影响。

乳制品中的钙还可以在小肠内与脂肪酸结合，形成"钙皂"，从而阻止这些脂肪进入血液。[11]事实上，一项涵盖52项研究的系统综述发现，乳制品可以帮助减轻糖尿病或心脏病患者体内的炎症。[12]另一项研究在对11项试验进行分析后发现，乳制品可以改善成人的炎症指标。[13]这一点很重要，因为长期受到炎症影响通常与心脏病和其他健康问题有关。

乳制品可能通过多种机制抑制炎症途径。其中一种机制是，乳制品中含有高浓度的名为亮氨酸的氨基酸。它可以增加脂联素（adiponectin）含量，同时减少氧化应激。脂联素是一种重要的脂肪源性激素，在预防胰岛素抵抗和心血管疾病方面发挥着至关重要的作用。这种"救星激素"能与受体结合，加强胰岛素增敏效应（这种效应可以提高我们调节血糖的能力），促进脂肪酸氧化并增加细胞内线粒体数量，同时促进抗氧化和抗炎作用。[14]同样，乳制品中的Sirtuin蛋白（SIRTs）已被证明能够增强细胞的氧化能力，从而预防细胞损伤。[15]

然而，即使不考虑炎症问题，许多人仍怀疑摄入乳制品是否对健康有益。接下来提到的一项研究可能会解答你的疑惑。最近，一项综合性综述对包括数百项个体研究在内的41项系统综述和Meta分析进行了研究，分析了摄入牛奶对45种不同健康结果的影响。[16]研究人员发现，每天每摄入200毫升牛奶，心血管疾病的发病风险就会降低6%，脑卒中的发病风险降低7%，高血压的发病风险降低4%，结直肠癌的发病风险降低10%，代谢综合征的发病风险降低13%，骨质疏松症的发病风险降低39%。此外，肥胖症、2型糖尿病和阿尔茨海默病的发病风险也有所降低。然而，研究也发现摄入牛奶可能与前列腺癌、帕金森病和痤疮的发病率较高有关。客观地说，这项独立分析表明，大量证据显示乳制品实际上对普通人群的健康有益。此外，这项研究并未得到乳制品巨头的资助（即使有，这也不能成为一个否定证据的充分理由——更多相关信息请参见附录）。

结论：一直以来，研究表明乳制品具有中性作用甚至抗炎作用——尽管并非所有的饱和脂肪都能产生同样的效果。在饮食中加入各种乳制品可能会引起炎症，但你无须担心。事实上，乳制品甚至可能有助于缓解炎症。此外，摄入乳制品是获取大量必需营养素的快捷方式。然而，如果你在摄入乳制品后确实出现不良症状，那么你可能需要尝试无乳糖的乳制品或考虑采用排除饮食法。为此，你只需在几周内停止摄入所有乳制品，同时保持其他饮食习惯不变，然后观察你的症状是否消失。如果你愿意的话，可以试着逐渐重新摄入乳制品，并观察自己的耐受情况。

炎症误区 No.3：糖总会引起炎症

不要在咖啡中加糖！糖会引起炎症！真的是这样吗？近年来，糖已成为公众健康的头号敌人。过去，健康意识强的人最害怕脂肪和盐这样的成分，但在过去十年中出现了一种观点，认为糖是"毫无营养的热量"，它填满我们的餐盘并导致糖尿病和癌症。受到公众对糖的恐慌影响，新闻头条称糖"比可卡因更容易上瘾"，并声称由于炎症，糖会"把你烧得外焦里脆"。因此，数百万人选择"戒糖"，或者转向被标榜为"健康"的天然替代品，如椰子糖或蜂蜜。此外，许多TikTok用户和母婴博主都在推广这些糖的替代品。但是，如何解释这种对糖的过度关注呢？我们饮食中的糖真的比以往任何时候都要多吗？

糖确实被添加到许多食物中，似乎是现代饮食中不可避免的一部分。食品制造商会在产品中添加糖，以增加风味、改善口感或作为防腐剂延长保质期。许多食品如面包、汤和酱料也是出于同样的原因含有"看不见"的糖。糖天然存在于所有含碳水化合物的食物中，比如谷物、水果、蔬菜和乳制品。那么，天然糖和精制糖有区别吗？科学界如何看待糖对炎症的影响？

一项美国研究对41名超重男女进行了为期10周的研究。在研究期间，研究人员将受试者的糖摄入量增加到每天175克，其中70%以上来自含糖饮料。在试验结束时，3种关键的炎症标志物，即结合珠蛋白（haptoglobin）、C-反应蛋白和转铁蛋白（transferrin），分别只增加了13%、5%和6%，增幅非常小。[17]这样说可以更好地理解这一数据：这相当于每天摄入4罐全糖可乐，C-反应蛋白的含量因此从1.8mg/L增加到1.9mg/L，这种增幅可以忽略不计。只有结合珠蛋白的增加才具有统计学意义，C-反应蛋白和转铁蛋白的变化太小，研究人员无法确定它们是否发生了变化。但这不是与我们被告知的信息矛盾吗？糖一定会引起炎症吗？让我们来看看更多的研究。

一项对13项研究进行的分析探讨了食物中不同的糖（果糖、蔗糖和葡萄糖）对亚临床炎症生物标志物的影响[18]，但结果并不显著。研究未发现果糖组、葡萄糖组和蔗糖组之间的差异，总体效应仅在少数几项研究中观察到，整体情况不一致。这些发现应引起特别关注的原因在于，如果糖本身具有致炎性，那么我们应该在不同的人群和人口中看到多种炎症标志物的一致增加。

一方面，有许多对照试验表明，每天摄入高达200克的添加糖似乎不会显著改变血液循环中的炎症生物标志物水平；而另一方面，富含精制糖的饮食在"膳食炎症指数"（见第61页）中的评分很高，表明其具有促炎作用。这是为什么呢？

这实际上突显了营养学中一个公认的问题，即如果将单一营养素对单一生物标志物的影响，转化为包含其他营养素的复杂食物结构和整体饮食模式对炎症等复杂过程的影响，那往往具有误导性。

食物影响身体炎症的能力必须从整体饮食习惯的角度来观察，而不是从孤立的食物或营养素的角度来看。这就是为什么在一项只控制饮食中添加糖含量的对照研究中，通常不会观察到持续且具有统计学意义的炎症变化。然而，如果你给干预组提供相同的食物，但增加该组的总热量摄入，比如用罐装可乐代替水果和蔬菜，用冰激凌代替乳制品，那么可以确信，几周后，炎症标志物就会显著增加。

结论：尽管在受控环境中增加添加糖或精制糖的摄入量不会单独导致炎症，但当这种摄入伴有其他促炎习惯，或者糖摄入量的增加导致脂肪率（体脂）、内脏脂肪和体重增加，就会导致全身炎症的增加。因此，专注于从营养丰富的食物中摄入糖分，如水果和乳制品，始终是明智之举。

炎症误区 No.4：最好避免摄入麸质

正在考虑采用无麸质饮食吗？你并不是第一个考虑采取这种饮食方式的人。仅在英国，估计就有800万人遵循无麸质饮食，其中大多数人被归类为PWAGs（非乳糜泻患者但避免摄入麸质的人）。部分原因是大量社交媒体帖子和广告宣称麸质会引起炎症或损害肠道。那么，无麸质饮食真的对健康有益吗？或者只是一种被广泛炒作的潮流？

麸质是存在于小麦和大麦等许多谷物中的一组蛋白质。含有麸质的典型食物包括面包、意大利面和各种谷物。乳糜泻（Coeliac disease）是一种常见疾病，影响着约1%的英国人口。[19]这是一种自身免疫性疾病，患者的小肠对麸质过敏。因此，对于乳糜泻患者而言，为了减轻症状和炎症，改善肠道健康并延长预期寿命，避免摄入麸质无疑至关重要。

还有一些人在摄入麸质后会出现不良症状，但其血液检测和活检结果正常。这些人被归类为"非乳糜泻麸质敏感（NCGS）"，其患病率略高于乳糜泻。[20]这种疾病的常见症状包括腹痛、腹胀、腹泻、便秘、疲劳和关节疼痛。然而，这些症状有时可能是由于对小麦过敏引起的，与肠易激综合征有关，但通常医学专家不能确定出现这些症状的确切原因。对于一部分患有其他自身免疫性疾病的患者而言，比如桥本甲状腺炎患者，避免摄入麸质可能会改善其血液检查结果和症状。[21]这是因为攻击桥本症患者甲状腺的抗体无法区分麸质和甲状腺的蛋白质结构。然而，尽管研究结果不一致，但我们很快就会看到，无麸质饮食实际上可能会增加炎症发生的可能性。因此，你和你的医生应该结合个体情况进行具体分析。一般来说，如果某些食物会导致你出现不良症状，那么无论诊断结果如何，避免摄入这类食物可能是明智之举。

你可能在想："如果我未患乳糜泻或者没有出现不良症状，那么无麸质饮食真的会对我的健康更有益吗？"为了回答这个问题，我想先澄清一点：有限的客观临床证据表明，未患乳糜泻的人有时因摄入麸质可能出现炎症。但有趣的是，一些数据表明，在无须医学干预的情况下避免摄入麸质可能会对健康产生不良影响，比如血压升高和冠状动脉疾病的发病风险增加。[22]一项由护士健康研究（The Nurses' Health Study）和健康专业人员随访研究（Health Professionals Follow-up Study Cohort）队列组成的大型研究对10万人进行了长达26年的跟踪研究。[23]研究人员发现，长期摄入麸质与冠心病无关，而避免摄入麸质会导致全谷物食物的摄入量减少，实际上可能会增加患病风险。因此，研究团队得出的结论是，在未患乳糜泻的情况下，遵循无麸质饮食是不明智的。此外，遵循无麸质饮食的人营养缺乏的风险通常会增加，包括纤维、铁、钙和镁的缺乏。[24]

有些人，甚至包括一些偏好纯肉饮食的医生，认为麸质会引起肠道炎症，因为据说它会导致在肠道屏障功能中起到重要作用的"紧密连接"①出现功能紊乱。[25]据称，这会导致一种未经证实的伪科学病症——"肠漏（leaky gut）"。最近，在一项针对16万名美国

---

① 一种细胞连接方式，具有物质屏障作用。

女性进行的研究中，研究人员评估了摄入麸质后患显微镜下结肠炎[①]（下消化道炎症）的风险[26]，结果再次发现肠道炎症与饮食中的麸质没有关联。我们将了解膳食炎症指数（DII）在确定饮食诱发全身性炎症方面的重要性，以及最近这项研究如何突显了一个有趣的观点。作为研究的一部分，研究人员要求23名健康女性进行为期6周的无麸质饮食。[27]与这些女性的常规饮食相比，无麸质饮食增加了DII分数——由于缺少来自全谷物中的关键营养素（如多酚、矿物质和纤维），增加了饮食引起炎症的可能性。

结论： 只有有限的证据表明，摄入麸质会引起炎症，无论是全身性炎症还是肠道局部炎症。然而，其他证据表明情况恰恰相反——在无须医学干预的情况下避免摄入麸质会增加患心血管疾病、体重增加、营养缺乏和炎症的风险。更不用说，它还会增加你的支出！因为无麸质食品的平均价格要比普通食品高出242%！[28]因此，除非你患有乳糜泻、对麸质敏感或过敏，或者是患有其他根据医学建议需要避免摄入麸质的自身免疫性疾病，否则不摄入麸质可能弊大于利。

炎症误区 No.5：体重增加与炎症无关

多种因素都可能引起慢性炎症，比如年龄、饮食方式、是否吸

[①] 显微镜下结肠炎（microscopic colitis）是指结肠镜检查正常，但组织学上出现明确的结肠炎改变的临床疾病。

烟、压力、睡眠不足和激素失调。[29]然而，过多的脂肪堆积或体重增加与慢性炎症密切相关，并被认为是肥胖带来健康风险的主要原因之一。[30]

当能量摄入超过能量消耗时，脂肪细胞的数量和大小就会增加，体内脂肪水平将开始积累。随着脂肪细胞继续生长，它们最终可能会破裂，引发炎症反应。[31]有证据表明，还有一些其他复杂的因素在起作用。一项研究对肥胖者和体重正常者进行了臀部脂肪活检。[32]研究人员在检查了这些组织样本中的小动脉后发现，体重正常的受试者的脂肪组织能够分泌诱导血管舒张（扩张）的化学信使，帮助营养物质到达细胞，而肥胖受试者的脂肪组织不能产生这种扩张作用，同时伴随着TNF-a受体（TNF-a是一种炎症细胞因子）的增加。这意味着肥胖受试者的脂肪组织无法为细胞提供充足的氧气，而这被认为是脂肪组织功能障碍的主要驱动因素，即局部缺氧或氧气"饥饿"。这一过程会导致细胞死亡、氧化应激、细胞破裂以及脂联素等抗炎激素的减少，所有这些因素都会导致慢性炎症的发生。

体重增加与炎症之间的关系当然与一个人的饮食选择以及摄入量密切相关。如果饮食中缺乏营养丰富的食物，而富含某些类型的超加工食品，那么体重非常容易增加。巧的是，许多导致体重增加的食物也具有较高的膳食炎症指数，因此它们被归类为促炎性食物。[33]这加剧了这些食物对体内慢性炎症的影响。我们很容易摄入过量精制糖；一些"超美味"的食物（超加工、高脂肪、高糖、高盐，或其中三者的组合）会激活大脑中特定的奖励中心，让人很容易想"再来一份"。相反，天然糖并不是真正的问题——你上次看到有人因摄入大量水果而变胖是什么时候？

结论： 出于多种原因，体重增加在慢性炎症中扮演着重要角色。多余的脂肪组织会释放促炎的化学物质，影响激素释放，并与不合理的饮食方式密切相关，所有这些因素都会影响炎症。因此，无论你选择什么食物，控制体重都会起到重要的抗炎作用。

深入探讨

在本章中，我们已经澄清了一些关于饮食和炎症的常见误区，现在有必要将我们的理解建立在坚实的科学证据基础上。因此，我们将深入探讨炎症在细胞水平上的复杂性，并探索已被证明可以减轻其有害影响的饮食模式。

早在公元25年，罗马学者赛尔苏斯（Celsus）就已经定义了炎症的4个典型症状：**红肿、疼痛、发热、肿胀**（rubor、dolor、calor、tumor）。[34] 这四个词描述了炎症早期的临床症状。简单地说，它们就是你扭伤踝关节后的感觉。炎症是愈合和生命的重要组成部分，甚至存在于细菌这样的单细胞生物体中。

慢性炎症和急性炎症

当体内炎症持续数天以上时，你的身体可能会受到不可逆转的长期损害。这就是所谓的慢性炎症，此时问题开始出现。当炎症变成慢性炎症，或者更准确地说，当它变成"慢性低度全身炎症"时

（意味着炎症遍布全身），你就会付出惨痛代价——我指的是患上心血管疾病、炎症性肠病、关节炎甚至是痴呆症。

顾名思义，慢性炎症是长期存在的。不幸的是，这个问题不仅难以解决，而且不容易快速逆转。慢性炎症起病隐匿，可能是因为接触了低强度刺激物、毒素或微生物，也可能由自身免疫性疾病引起，比如炎症性肠病等疾病。然而，人们越来越清楚地认识到，饮食中的特定成分不仅对慢性全身性炎症影响显著，而且对人体应对急性炎症的能力也有很大影响。

调整某些营养素的比例，可以提高饮食的抗炎能力。例如，用Omega-3脂肪酸替代饱和脂肪酸，或者在饮食中添加大蒜、胡椒等香料和草药，都能显著减少炎症（我们将在后面深入讨论这些主题）。需要强调的是，虽然大多数科学讨论都与饮食和慢性炎症有关，但我们将简要介绍如何优化急性炎症反应，以帮助我们在短期内战胜疾病并治愈创伤。

炎症和心血管疾病

心血管疾病，包括心脏病和血管疾病，是全世界致死率最高的疾病。几十年来，我们已知炎症会损坏血管和心脏组织的内壁，并在动脉内斑块的形成过程中扮演重要角色（除了胆固醇之外）。此外，损害动脉的慢性炎症会导致受损部位出现更多炎症，从而形成恶性循环。

直到几年前，科学界还不确定炎症是否仅会增加心脏病或脑卒中的风险，还是也可能直接引发这些疾病。一项大型随机对照试验对1万余名有心脏病史且炎症水平较高（C-反应蛋白大于2mg/L）的患者进行了研究。[35]研究人员测试了卡那单抗（canakinumab）——一种靶向炎症细胞因子白介素-1β的抗炎药物，以确定其能否降低心血管"事件"复发的风险。研究结果显示，使用该药物治疗的患者再次心脏病或脑卒中发作的概率显著降低。这个研究结果令心血管研究小组感到振奋，因为长期以来他们一直怀疑在心脏病的进展过程中，炎症与胆固醇扮演着同样关键的角色。

膳食炎症指数

南卡罗来纳大学的教授詹姆斯·赫伯特博士（Dr James Hébert）描述过，他在成长过程中总会在运动中受伤，比如腿筋拉伤、关节问题、肌肉扭伤，等等。后来，他观察到一种奇怪的现象，那就是他的伤势在夏末会比在秋冬恢复得更快。这是为什么呢？

小时候，赫伯特经常帮助父母在花园里种植一些农作物，比如豆类、蔬菜和水果。这些农作物只在夏季成熟，在那段时间里，他就会尽情享用这些丰富多样的植物性食物。几十年后，他才意识到发生了什么：在夏季，这些食物中的营养物质加速了伤口的愈合。2009年，赫伯特博士创建了我们今天所知的"膳食炎症指数（Dietary Inflammatory Index，DII）"。简单地说，如果你了解膳食炎症指数，你就会明白饮食是如何影响体内炎症的。

DII是一种创新的评分系统，它利用饮食成分的炎症特性来估计个体饮食的整体炎症潜力。(36)赫伯特及其团队查找了全球各地的数据库，这些数据库包含来自饮食习惯截然不同的国家的调查数据。他们整合了大量数据，形成了一个综合数据集，并为每种营养素赋予了一个数值，范围从 –1（最具抗炎性）到 1（最具致炎性），其中 0 表示对身体炎症没有影响。

哪些食物是"抗炎之王"？

有许多饮食方式可以被认为"具有抗炎性"，几乎所有这些饮食方式都侧重摄入植物基食物。为了说明这一点，以下是一些当今流行饮食方式的DII评分，这些评分结合了每种饮食的营养价值，给出了一个综合的DII评分（记住，负数意味着具有抗炎性）。(37)

1. 地中海饮食 = –2.922.
2. 梅奥诊所饮食（Mayo clinic）= –3.22
3. 旧石器时代饮食法（Paleo diet）= –3.42
4. 纯素饮食（Vegan diet）= –3.87
5. 欧尼斯饮食（Ornish diet）= –4.52
6. 超级减肥王饮食（Biggest Loser）= –4.52

最具抗炎性的饮食通常包含大量色泽鲜艳、风味浓郁的食物。这些食物热量低且营养丰富。在身体习性（身体的物理特征）对炎症发挥调节作用时，这种饮食模式起到了至关重要的作用。

简而言之，因为过量摄入食物和体重增加本身就会引发炎症，所以选择低热量食物有助于减少炎症是合理的。用色泽鲜艳和风味浓郁的食物来替代那些通常缺乏天然风味、色彩和香气的高热量、促炎的精制食物，可以提高饮食的抗炎能力。以下是具有抗炎潜力的重要营养素和化合物的详细信息。

食物中的抗炎化合物通常可以分为以下几类：

- **植物性食物**——尤其是草药和香料，如胡椒、大蒜、洋葱、迷迭香、百里香、姜、红茶和绿茶等。
- **多酚类化合物**——浆果、深色绿叶蔬菜和十字花科蔬菜中含有大量异黄酮、黄酮类化合物和花青素。
- **维生素、矿物质和抗氧化剂**——这些物质在水果和蔬菜中含量丰富。
- **不饱和脂肪酸**——相同剂量下，Omega-3脂肪酸具有最强的抗炎性，存在于海洋或陆地植物以及以这些植物为食的动物中（如富含脂肪的鱼类）。

虽然篇幅有限，我们无法详细解释每种食物组或化合物的抗炎或者促炎机制，但以下是其中几种食物或化合物的作用机制，可以让你有一个初步的了解。

黄酮类化合物（具有抗炎性）

黄酮类化合物属于多酚类化合物，具有广泛的生物学益处，比如抗氧化、抗炎、抗病毒和抗突变等。[38]黄酮类化合物含量最丰富的食物包括浆果、绿叶蔬菜、洋葱、黄豆、茶和黑巧克力。

最近的一项研究表明，2型糖尿病患者连续两周每天只需摄入123克覆盆子思慕雪，就能显著降低C-反应蛋白水平。[39]这是因为黄酮类化合物的羟基（一个氧原子与一个氢原子结合）能够清除和稳定自由基，减少氧化损伤，而自由基和氧化损伤都是引发慢性炎症不良影响的关键因素。[40]

由于黄酮类化合物具有抗炎性，因此它们也可作为强效的抗癌植物化学物质①。黄酮类化合物通过多种机制发挥作用，例如触发细胞周期停滞、诱导癌细胞凋亡（细胞死亡）[41]以及抑制血管生成（新血管的形成，在癌症生长中至关重要）。研究表明，黄酮类化合物可以通过抑制环氧合酶-2（COX-2）、黄嘌呤氧化酶（xanthine oxidase）和5-脂氧合酶（5-LOX）等酶的活性来抑制肿瘤细胞增殖，而这些酶是肿瘤进展②的主要催化剂。

β-胡萝卜素（具有抗炎性）

饮食中的类胡萝卜素（其中最为人熟知的是β-胡萝卜素）存在

---

① 植物化学物质是食物中已知必需营养素以外的化学成分，这些成分有助于预防慢性病，因其来源多为植物，故泛称植物化学物质。
② 肿瘤快速生长的阶段。

于许多黄色、橙色和绿叶蔬果中，如胡萝卜、玉米、红甜椒和杧果。类胡萝卜素是脂溶性植物化学物中最丰富的一种，研究表明它们具有很强的抗炎作用。这是因为类胡萝卜素能够阻止核因子-kB（NF-kB）向细胞核易位（一种基因变化）。这会破坏核因子-kB的信号通路，从而抑制白细胞介素-8和前列腺素E2等炎症细胞因子的产生。[42]

饱和脂肪（具有促炎性）

多项研究表明，饱和脂肪——大量存在于黄油、蛋糕和加工肉类等食物中——会在脂肪组织中引发炎症。这是因为饱和脂肪酸会刺激Toll样受体4（Toll-like Receptor 4，TLR4）[43]，而该受体在先天免疫反应中发挥着重要作用。此外，Toll样受体还会增加炎症基因的表达，同时饱和脂肪酸也会增强转录因子（改变基因表达的蛋白质）的活性，如核因子-kB。核因子-kB参与炎症和免疫反应，并调控其他与细胞生存和增殖相关的基因。一项针对超重男性的研究发现，摄入50克黄油会显著增加促炎细胞因子白细胞介素-6的水平。[44]

膳食与急性炎症

虽然我们已经讨论了很多关于如何抑制慢性炎症的内容，但引发炎症反应以提高从受伤中恢复的能力也值得简要讨论。机体对受伤的反应有两个不同的阶段：炎症的开始和炎症的消退。这个过程被巴里·西尔斯博士（Dr Barry Sears）称为"解决反应（Resolution Response）"。[45] 优化"解决反应"——也就是急性炎症——的关键饮食原则包括限制热量、低脂肪、充足蛋白质以及富含Omega-3脂肪酸和多酚的饮食模式。这些都是为了提高从受伤中恢复的能力而需要考虑摄入的一些重要膳食成分。

热量限制

对于所有的抗炎饮食而言，热量限制是最重要的考虑因素。究其本质而言，热量限制意味着避免过量进食，从而显著减少全身的氧化应激反应。在几乎所有动物和人类模型的研究中，热量限制一直是改善健康寿命（健康寿命的定义为一个人在没有残疾或疾病情况下的生存年数）最成功的治疗干预措施。[46] 为期两年的CALERIE研究就是一个很好的例子。[47] 该研究表明，减少25%的热量摄入量可改善心代谢血液标志物，并显著降低C-反应蛋白水平。因此，简单地减少食物摄入量是一种有效的抗炎策略，可以帮助身体快速从急性损伤中恢复。进食过量或者脂肪组织增加过多会导致血液中游离脂肪酸的含量增加，从而激活促炎信号通路。这也是肥胖与炎症密切相关，并与许多慢性炎症疾病相关的原因之一。

蛋白质

饮食中的蛋白质可以为人体提供合成和维持免疫系统成分所需的基本成分，在急性炎症反应中扮演着重要的角色。[48] 在炎症期间，人体的免疫系统会被激活，导致人体对蛋白质的需求增加。蛋白质会被用于产生细胞因子，这些细胞因子会指示免疫系统对炎症做出反应。此外，还需要蛋白质来产生抗体和白细胞，抗体可以靶向中和有害的病原体，白细胞则是免疫系统的重要组成部分。炎症会导致组织损伤，因此蛋白质还被用于合成新组织和修复受损组织。这对急性损伤尤为重要，因为蛋白质有助于加快愈合过程并将感染风险降至最低。[49]总之，饮食中的蛋白质在支持免疫系统和帮助身体应对炎症方面是必不可少的。摄入足量的蛋白质对维持正常的免疫功能和组织修复非常重要。[50]

Omega-3 脂肪酸

Omega-3 脂肪酸已被证明可以通过多种机制降低炎症水平。其中最广为人知的一种机制是抑制促炎细胞因子和趋化因子的产生，这些细胞因子会激活免疫系统并引起炎症。[51]研究发现，Omega-3 脂肪酸可以减少白细胞介素-6（IL-6）和白细胞介素-1（IL-1）等细胞因子的产生。[52]此外，Omega-3 脂肪酸还可以抑制某些加剧炎症的转录因子的激活，并减少活性氧的生成，从而进一步缓解炎症。[53]这些机制共同促成了 Omega-3 脂肪酸的整体抗炎效果，并有助于解释其在缓解炎症以及相关健康问题方面的潜在好处。

多酚类化合物

我们现在知道，许多微量营养素和多酚类化合物（例如黄酮类化合物）不仅具有很强的长期抗炎作用，而且还能在急性炎症期促进促炎信号的传递。此外，这些营养素能够改变核因子-kB、AMP活化蛋白激酶（AMPK）、类二十烷酸（eicosanoids）和消退素（resolvins）的作用，它们都是炎症过程的关键介质。[54]

要点回顾

1. **避免过度进食！** 减少炎症的最佳饮食方式就是热量限制。这意味着要选择那些能够提供饱腹感和满足感的食物，以防止过度进食和体重增加。所有人类随机对照试验的结果显示，热量限制具有显著的抗炎效果。因此，无论是否改变摄入的食物种类，仅减少食物的摄入量就是一种有效的抗炎策略。

2. **尝尝"彩虹"的味道吧！** 摄入色彩鲜艳、味道浓郁、营养丰富的食物至关重要，因为这些食物中含有许多强效抗炎化合物。以下是一些需要考虑摄入的关键食物：

- *吃些浆果是个好主意！* 定期摄入一小碗浆果（如蓝莓、黑莓和覆盆子）。这些浆果富含黄酮类化合物和各种抗氧化剂，具有很强的抗炎作用，对于修复和消除炎症至关重要。训练有素的运动员每天摄入250克蓝莓可以减少氧化应激，并增加抗炎细胞因子。[55]

- *记得吃足量蔬菜！* 羽衣甘蓝、欧芹、紫甘蓝、洋葱和深色绿叶蔬菜富含黄酮类化合物、各种维生素和矿物质，这些物质同样具有抗炎作用。

- *加点香料！* 草药和香料不仅能为食物增添风味，还能带来令人难以置信的抗炎效果。姜黄、姜、卡宴辣椒及其他辣椒，甚至绿茶都具有强大的抗炎作用，可以抑制身体炎症。

3. **少吃油炸食品！** 油炸食品通常含有大量的饱和脂肪酸和反式不饱和脂肪酸，而这些脂肪酸一直被证明具有促炎作用。不过请记住，关键在于摄入量。对于你的整体饮食模式而言，每周摄入一次油炸食品可能不会影响全身性炎症。

4. **全天无糖！** 如果你喜欢在晚上喝一罐甜汽水或者吃一块蛋糕，那么你可以养成的最健康的习惯之一就是减少添加糖的摄入，特别是与其他改变结合起来。这将帮助你控制总热量的摄入。此外，水果和乳制品中的天然糖分既能满足你对甜食的渴望，又能减轻你对炎症的担忧。

5. **增加Omega-3的摄入量！** 富含Omega-3的食物，如富含脂肪的鱼类、橄榄油、亚麻籽、奇亚籽和核桃，在降低炎症小体（inflammasome）活性方面发挥着至关重要的作用。这些炎症小体会刺激细胞释放促炎细胞因子，如白细胞介素。

体重：关于肥胖的争论

饮食对身体炎症的影响是一个至关重要且误解较多的话题，但现在我想谈谈健康和营养领域中另一个更具争议性的话题：脂肪。无论何时，总有45%的人正在积极尝试减肥。[1]不出所料，正如我们将看到的那样，大多数减肥以失败告终。在本章中，我将详细解释什么是超重以及脂肪过多对身体的影响，揭穿一些关于减肥的常见误区，并阐明如何消除体内最有害的脂肪类型：内脏脂肪。在减肥一章中，我会进一步探讨这一主题，并对我的最佳循证减脂策略进行深入分析，从而帮助大家减掉身体脂肪并长期保持减肥效果。

听到"脂肪"这个词时，你会想到什么？将脂肪的概念剥离到其最原始的形式，它实际上指的是被称为脂肪细胞的单个细胞，而聚集在一起的脂肪细胞则被称为脂肪组织。这些细胞对所有哺乳动物的生存都至关重要——从熊到骆驼再到人类。

脂肪细胞有三大功能。首先，它们可以作为能量库。在能量不足时，脂肪细胞可以分解为甘油三酯并释放游离脂肪酸（free fatty acids，FFAs），然后将其燃烧以获取能量。其次，哺乳动物体内存在一种能够产生热量的脂肪细胞。这些"棕色脂肪细胞"由于细胞内的线粒体而具有产热特性，其颜色也来源于线粒体。从历史上看，这些棕色细胞能保护哺乳动物抵御寒冷，通常被称为"冬眠器官"，但它们在运动和病理状态（疾病或身体状态异常）下也能发挥作用，帮助调节体温。最后，脂肪细胞会产生激素来影响能量摄入。例如，瘦素（leptin）是一种调节饱腹感的中枢激素，由脂肪细胞产生和分泌。

脂联素（adiponectin）是另一种由脂肪细胞释放的激素，在预防胰岛素抵抗和动脉粥样硬化方面发挥着至关重要的作用。[2]虽然脂肪细胞对生命至关重要，但过多的脂肪组织会导致健康问题——这就是当某人被称为"胖"时的隐含意义。在全球范围内，约有13%的人被归为"肥胖"，在英国等国家，这一比例上升至25%。在美国，尽管其在医疗保健上的支出居世界之首，但高达43%的美国成年人和20%的儿童患有肥胖症。[3]

我们可以得出这样的结论：因体重过重而造成的身体负担会带来潜在的风险。你知道吗？在日常活动中，每增加1磅①的多余脂肪，你每走一步就会给膝盖带来4倍的负担。[4]颈部周围过多的脂肪还会压迫气管，从而导致在睡眠中窒息，这就是阻塞性睡眠呼吸暂停（obstructive sleep apnoea）。肥胖人群还面临着与情绪、自尊、生活质量和身体形象相关的问题。[5]我的许多超重患者都曾提到，他们每迈出一步就会感受到因为大腿摩擦而造成的不适和疼痛。对一些人来说，这可能不算什么大事，但对那些每天都要忍受这种痛苦的人来说，这可能会让他们感到崩溃。

显然，身体脂肪过多带来的身体负担是个问题，但这并不是唯

---

① 1磅等于453.59237克。

一的负面影响。脂肪组织的生化产物才是真正棘手的问题。我们可以将脂肪视为一种内分泌器官,也就是说,与任何能够产生和分泌激素的器官,比如脑垂体、甲状腺或肾上腺一样,脂肪组织也能够调节某些激素的功能。通过上一章我们了解到,当脂肪组织过多时,会导致局部缺氧、血流减少和脂肪细胞死亡,进而释放有害的促炎和促血栓(形成凝块)化学物质到血液中。这些过程会大大增加患心血管疾病、代谢性疾病、各种癌症以及抑郁症等精神健康障碍的风险。但是,肥胖真的有害吗?肥胖与这些疾病之间难道只是相关而非因果关系吗?由于大多数减肥计划都以失败告终,那么试图减肥岂不是徒劳?减肥是否弊大于利?BMI难道不带有种族歧视色彩吗?

在解决这些问题、深入探讨肥胖的科学原理以及如何消除肥胖之前,重要的是要确定肥胖是否给我们的健康带来风险。

体重误区 No.1:
肥胖者在日后可能不会面临患病的风险

肥胖通常被定义为异常或过度的脂肪堆积,对健康构成威胁,且BMI大于30。肥胖的健康风险可以说是健康科学文献中最成熟的研究领域之一。肥胖会导致预期寿命缩短和生活质量下降,因为肥胖会增加心血管疾病[6]、2型糖尿病[7]、骨关节炎[8]、精神健康障

碍[9]以及癌症等多种疾病的发病风险。★[10]

最重要的是，这些疾病风险增加的幅度并不小。它们超过了任何你能想到的饮食习惯所带来的影响。一些Meta分析显示，即使调整了年龄、家族史和身体活动因素，BMI超过30的人患2型糖尿病的风险还是会增加628%。[11]这远远超过了因不活动、睡眠差、摄入油炸食品甚至饮酒所带来的风险。在英国，肥胖是仅次于吸烟的第二大致癌因素，会使肝癌、肾癌、甲状腺癌、卵巢癌和乳腺癌等13种癌症的发病风险增加100%。[12]相比之下，高碳水化合物和高脂肪饮食只会使某些癌症的发病风险增加35%。[13]

如果你是一位肥胖人士，那么通过多活动、锻炼身体、管理睡眠和压力以及做出更好的饮食选择，完全有可能改善健康状况，而无须减肥。这些习惯甚至可以使你的代谢血液测试结果变得正常，即代谢健康型肥胖（metabolically healthy obesity，MHO）。在这种情况下，健康的血液测试结果表明肥胖者此时健康状况良好，原因有很多。例如，与不健康的肥胖者相比，做出这些健康行为的肥胖者可能内脏脂肪比例较低，胰岛素敏感性和胰岛β细胞功能得以保留，并且心肺健康有所改善。[14]因此，养成促进健康的习惯绝对是首要任务。

然而，即使你的所有血液检查结果都正常，如果你仍然肥胖，那么从长远来看，你患慢性疾病的风险仍然会增加。一项研究在对350万人进行了为期5年的跟踪调查后发现，与体重正常的人相比，代谢

★ 肥胖与这些疾病风险增加之间的关系不仅仅是关联关系，还有孟德尔随机化（MR），它通过分析遗传变异来推断因果关系。为了突显证据基础的广泛性，我所引用的有关心血管疾病的证据中包括了53项Meta分析、500多项个体研究以及数项MR基因分析。关于糖尿病的引用分析了超过216项研究，涉及230万人的数据。

健康型肥胖人群患冠心病的风险增加了49%，出现心力衰竭的风险也更高。[15]其他数十项研究也得出了相同的结论，并且这些研究认为应该避免使用"代谢健康型肥胖"这一术语，因为它具有误导性。[16]这就是为什么将促进健康的行为与持续性减肥的目标相结合是长寿和健康的支柱。但请记住，即使你没有实现长期减肥的结果，任何时期的体重下降都对健康有益。一项对161000人进行的分析表明，即使出现反弹，每次减掉5磅体重都会进一步降低死亡风险。[17]

结论：肥胖会显著增加多种疾病和癌症的发病风险。因此，无论你的体重如何，我们都鼓励你养成健康的生活习惯。但是，即使你进行锻炼、保持健康饮食且血液检查结果正常，肥胖仍然会增加你日后患病的风险。

体重误区 No.2：BMI带有种族歧视色彩

有关身体质量指数（BMI）毫无用处甚至带有种族歧视色彩的批评，源于人们对一个没有考虑不同人群多样的体成分（body composition）①、种族背景和健康风险的测量系统普遍应用的担忧。BMI的起源可以追溯到19世纪，由当时的比利时数学家兰伯特·阿道夫·雅克·凯特勒（Lambert Adolphe Jacques Quetelet）创建。最

---

① 人的体重中包括了骨骼、肌肉（包括内脏肌肉）、体液、脂肪组织等很多部分的重量。身体的脂肪组织和非脂肪组织的含量在体重中所占的比例，通常被称为体成分。体成分是反映人体内在结构比例特征的重要指标。

初，BMI被用来衡量群体而非个体。在20世纪60年代和70年代，安塞尔·基斯（Ancel Keys）进一步发展完善了这一衡量标准。

BMI的计算公式[体重（以千克为单位）除以身高（以米为单位）的平方]主要基于欧洲白人群体的数据，因此批评者认为该公式不一定适用于所有民族和种族群体。研究表明，不同种族在相同BMI下的患病风险存在差异。[18]例如，与欧洲裔人群相比，亚洲裔人群在较低的BMI下往往体脂率更高，患心脏病和糖尿病的风险也更高。相反，与欧洲裔人群相比，非洲裔人群在相同或更高的BMI下，患这些疾病的风险可能更低。

因此，在健康方面，高BMI并不一定能完全反映实际情况。对肥胖更准确的分类是男性体脂率超过25%，女性体脂率超过30%。尽管存在这些局限性，验证研究证明，在全球各地的人群中，BMI与体脂率的增加密切相关。[19]例如，在斯里兰卡的一个队列研究中，所有BMI超过30的人（无论是男性还是女性），其体脂率都达到了肥胖标准（男性超过25%，女性超过30%）。因此，显然BMI在预测体脂率方面的能力非常强。[20]所以，给BMI贴上什么样的标签并不重要，因为它仍然突显了一个能够从生活方式干预中受益的高危群体。

结论： 重要的是记住，不应该单独使用BMI来预测一个人的健康风险。任何客观的健康测量指标（无论是血压、空腹血糖、心率、肾功能检查中估算的肾小球滤过率还是全血细胞计数）在单独使用时都不太有用，因为单一指标很难提供足够的信息。但是，如果在评估时将这些测量指标与BMI相结合，那么它们就能为个人的诊断工作和临床治疗提供依据，从而准确预测未来的健康风险。

体重误区 No.3：减肥的弊大于利

通常，提出这一说法的人引用的研究明显表明，减肥会增加死于心血管疾病、糖尿病甚至精神健康障碍的风险。[21]然而，这是在解读研究时出现的一个根本性错误，因为问题的关键在于减肥是不是有意为之。

医生们最关注的症状之一是"无意体重减轻"，因为它通常暗示可能存在恶性肿瘤、严重的代谢性疾病或自身免疫性疾病，或是一种使人衰弱到完全丧失食欲或无法进食的疾病。在这种情况下，体重减轻往往是一个人濒临死亡的迹象。因此，无意体重减轻与死亡风险的增加相关不足为奇。

结论： 当然，如果采用不够合理、缺乏灵活性和科学依据的减肥方法，那么有意减肥可能会产生负面影响。不过，对大多数肥胖者而言，数十项对照试验表明，有意减肥始终有利于改善身心健康。[22]

体重误区 No.4：
减肥的益处完全归因于生活习惯的改变，
而不是减肥本身

"每个尺码都健康（The Health at Every Size，HAES）"运动的出现是对传统上主要关注体重的健康策略的回应。该运动的倡导者主张对健康进行全面的理解,而不仅仅是关注体重秤上的数字。他们认为,无论体重是否减轻,都可以通过改变生活方式来提高整体健康水平。HAES的支持者认为,体重减轻可能只是养成更健康习惯的附带结果,而不是改善健康状况的主要驱动力。

然而,这种观点并未完全体现与体重相关的健康结果的复杂性。为了阐明这一点,让我们来看一项对照研究,该研究专门测试了饮食习惯、体重减轻与健康之间的联系。[23]在这项研究中,研究人员为两组女性提供了热量、蛋白质、碳水化合物和脂肪完全相同的饮食,以确保两组都会减轻体重。关键的区别在于她们的糖摄入量——一组每天摄入120克食糖,而另一组只摄入11克。尽管大多数健康专业人士建议不要摄入大量的糖,但两组均出现了体重减轻、血压降低和血脂改善的情况。

该实验表明,即使改变生活方式也不一定能够改善健康状况——比如,摄入大量糖的饮食方式,但与之相关的体重减轻仍然可以对多种健康指标产生积极影响。

结论: 改变生活方式、减肥和健康之间的关系比HAES的观点所暗示的更加微妙。虽然该运动正确地强调了改变生活方式对整体健康的重要性,但也必须承认,即使通过不那么理想的生活方式来减肥,减肥本身仍有助于改善健康状况。因此,全面的健康管理策略应同时考虑生活习惯和体重管理。

体重误区 No.5：追求减肥是徒劳的

"由于95%的减肥计划都以失败告终",因此减肥不值得尝试。这是反节食者或HAES的支持者中最常见以及最有害的错误观点之一。令人沮丧的是,甚至有许多医生和注册营养师也在社交媒体上传播这一统计数据。

让我们先澄清一点。"95%"这一统计数据来自1959年的一项研究,当时有100个人被随机分配了一种"饮食方法",然后就被"放任自流"了。在没有持续的支持或指导的情况下,我估计他们会失败!几十年后,讽刺的是,就连这项研究的作者也对《纽约时报》(*New York Times*)说,这项研究没有什么意义,"我对人们不断引用它感到有点惊讶"。[24]

当谈到将一种减肥计划定义为"失败"或"成功"时,我们需要在设定目标时现实一点,并重新定义什么是减肥"成功"。如果你是一位40岁的母亲,有两个孩子和一份全职工作,那么将"成功"定义为回到23岁时无忧无虑的状态,每周去健身房锻炼6次,拥有轮廓分明的身材,可能并不现实。生活在变化,优先事项也在变化。人们有家庭和责任,可能会因为工作过于繁忙而几乎没有时间休息。

你需要对自己宽容一点,理解自己并学会自我同情。你知道吗?对超重者而言,只需减掉体重的5%~10%就能看到临床意义上的健康改善。只要减掉2.5%的体重,月经不规律和生育能力就会得到改善,这对多囊卵巢综合征患者来说很重要。当体重减轻5%时,血糖控制就会得到改善，这对胰岛素抵抗或2型糖尿病患者而言很重要。当体重减轻5%~10%时，血压和血脂会得到显著改善，而这两项对心血管健康至关重要。当体重减轻约15%时，睡眠呼吸暂停综合征和非酒精性脂肪性肝病就会得到明显改善。[25]

鉴于肥胖的定义是"对健康构成威胁的超重"，因此这些健康结果的改善才应该是"减肥成功"的真正定义。此外，这些健康结果的改善是可以实现的，并且在包含29项随机对照试验的Meta分析中得到了验证。[26]研究表明，那些最初减重20千克（44磅）的人在五年后能够维持超过7千克（15磅）的减重成果。*所以，从长远来看，减肥对健康非常有益，而且是可以实现的，即使一开始体重只是减轻了一点点。

我想强调的一个重要注意事项是，在任何减肥计划中，你应该确保摄入足够的蛋白质（每千克体重需要摄入超过1.6克的蛋白质），并进行抗阻训练，从而最大限度地减少瘦体重的损失。

结论： 根据大量之前的试验，在较长时间内减掉相当数量的体重以改善健康状况是可行的，应该鼓励所有肥胖人士采取这种做法。

★ 也许最值得注意的是2014年的"糖尿病健康行动（Look AHEAD, Action for Health in Diabetes）"试验，这是一项在美国的16个临床中心进行的多中心随机对照试验。试验招募了5145名患有2型糖尿病的肥胖成年人，并让患者接受强化生活方式干预，其中包括定期的减肥咨询。研究发现，8年后，超过50%的参与者在获得支持的情况下维持了超过5%的体重减轻，25%的参与者维持了超过10%的体重减轻。在第一年内减掉超过10%体重的患者中，这一比例甚至更高（分别为65%和39%）。

体重误区 No.6：所有身体脂肪的作用都一样

这可能会让许多人感到惊讶，但说到肥胖，多余的脂肪并不是真正的问题；真正的问题在于**内脏**脂肪过多。这是什么意思呢？内脏脂肪（或腹内脂肪组织）是一种特殊类型的脂肪，位于腹部深处，具有独特的代谢特性。内脏脂肪还会使我们的腹部向外凸出，这与位于皮肤下方、在身体各处都能看到和感觉到的皮下脂肪形成鲜明对比。

那么，内脏脂肪会产生什么问题呢？它的功能类似内分泌器官，因此引起了内分泌学家的极大兴趣。内脏脂肪能够产生激素、干扰胰岛素信号、释放促炎细胞因子并破坏器官功能，这引起了人们的担忧。此外，糖皮质激素和雄激素受体（两种激素受体）以及炎症和免疫细胞的普遍存在，使内脏脂肪对胰岛素的抵抗力更强，对脂肪分解更敏感，代谢更活跃，更容易释放游离脂肪酸。[27] 这就解释了为什么即使身体其他部位看起来很瘦，但每增加一英寸"多余"的腰围，死亡风险就会增加2.75%。[28] 现在，我们将转而讨论可以专门针对并减少这种有害内脏脂肪的关键策略，即使整体体重没有减轻。

像跑步、骑自行车、划船和游泳这样的有氧运动在消除内脏脂肪方面有独特的效果，因为这些运动需要长时间的活动和较高的心率。100多项随机对照试验在对饮食和运动进行比较后发现，只有运动能在不减轻体重的情况下使内脏脂肪减少6%。[29] 你可能会想，力量训练肯定也能达到同样的效果吧？很遗憾地告诉你，事实并非如此。(30)因为力量训练休息的时间较长、高强度训练的时间较短，通常热量消耗也较少。

那么，有氧运动是如何消除内脏脂肪的呢？有氧运动会刺激白介素-6的产生，这有助于促进内脏脂肪的分解。*此外，由于内脏脂肪具有代谢活性，因此它对交感神经激活（战斗或逃跑反应）更加敏感，这使得有氧运动能够更有效地刺激内脏脂肪的分解。(31)有趣的是，研究常常显示内脏脂肪减少的同时全身脂肪总量保持不变，这表明有氧运动能够"燃烧"内脏脂肪并将其重新分配到危害较小的皮下区域。这一点在相扑选手身上表现得尤为明显。尽管他们摄入高热量食物且身材肥胖，但由于大量有氧运动会重新分配内脏脂肪，因此他们的血糖、甘油三酯和代谢指标都保持在健康水平。(32)

每周进行3~4次中等至高强度有氧运动，每次持续30~60分钟，已被证明能够有效减少内脏脂肪。(33)弄清楚什么是"中等"强度运动的一个简单方法是，首先找到你的最大心率（220减去你的年龄），然后计算出这个数值的65%~75%。例如，如果你40岁，那么0.65乘以180等于117。因此，使你的心率达到117以上的有氧运动才能被视为"中等"强度运动。

身体中内脏脂肪的含量还可能受到其他因素的影响。研究表明，摄入高血糖负荷的食物（例如富含精制糖且缺乏纤维和脂肪的食物，如甜食和含糖饮料）或饱和脂肪含量高的食物会增加内脏脂肪。减少总血糖负荷可以在不减轻体重的情况下，减少11%的腹部

★ 白介素-6是一种复杂的细胞因子，在促炎和抗炎途径中发挥作用。在出现感染或受伤这类急性炎症的情况下，各种细胞（如巨噬细胞）会产生白介素-6并启动炎症反应。但白介素-6也在调节炎症反应中发挥作用。它参与诱导一类被称为调节性T细胞的T细胞，这些细胞能抑制免疫反应，防止过度炎症反应和自身免疫反应。

脂肪。⁽³⁴⁾饱和脂肪容易储存肝内甘油三酯（intrahepatic triglycerides，IHTGs），增加肝脏脂肪。而肝脏脂肪又会溢出到腹腔的其他部位，增加内脏脂肪的含量。一项研究表明，当人们连续三周每天额外摄入1000千卡的不同营养物质时，饱和脂肪组、单糖组和不饱和脂肪组的肝内甘油三酯分别增加了55%、33%和15%。⁽³⁵⁾酒精摄入也与内脏脂肪水平密切相关，因为酒精会损害肝脏，影响营养物质的代谢和储存，并降低睾酮水平。⁽³⁶⁾压力和皮质醇也存在类似的关联，皮质醇已被证明会将脂肪储存重新分配到腹部，增加食欲并降低餐后的能量消耗。⁽³⁷⁾

结论：内脏脂肪对整体健康的危害大于皮下脂肪。为了减少内脏脂肪，建议定期进行中等强度或高强度的有氧运动，并用富含纤维的碳水化合物（如水果、蔬菜和全谷物）和不饱和脂肪替代高血糖负荷和饱和脂肪含量高的食物。同样，即使体重没有减轻，限制饮酒和参与缓解压力的活动，比如正念练习和喜欢的运动，也可以减少腹部脂肪的堆积。

体重误区 No.7：社会对肥胖的看法是公平且有益的

无论我们是否承认，体重、健康和美丽在我们心中是密不可分的。政府经常回避公众营养教育的责任，并将责任推给超重的个人。与此同时，媒体向我们灌输不切实际的美丽标准，我们的身体已经成为展示我们的自律、魅力、智慧甚至道德品质的方式。现在，我们被灌输了这样一种观念：如果你觉得自己不够美丽，那么你可以通过很多经济实惠的方法来解决这个问题。这导致人们为了在Instagram上收到"火"这个表情符号而减肥塑形。

有无数方法可以做到这一点。只需在任意社交媒体平台上输入"减肥"，你就会看到各种禁食方案、果汁排毒、减肥药、瘦身粉以及只吃肉或者只吃沙拉的饮食方法。你也可以花数千英镑参加阿尔卑斯山深处的"生酮营"，在那里没有人能听到你的哭声。运动背心、瘦身滚轴和为期30天的腹部锻炼计划都可以帮助你最终成为你一直梦想的迷人模样。欢迎来到减肥文化的世界！

不幸的是，减肥文化也助长了人们对肥胖人群及其身体的刻板负面看法，将超重者描绘成懒惰、意志薄弱、没有吸引力、不健康和贪吃的人，从而加剧了体重歧视。体重歧视表现为对肥胖人群的负面看法以及针对他们的负面态度。这可能通过微歧视的方式体现出来，比如发出啧啧声或翻白眼，也可能直接采取语言或身体上的虐待行为来针对那些只是做自己的人。这种歧视主要源于无知和根深蒂固的态度，即认为肥胖完全是个人责任和道德问题，而不是由生物学、社会环境和心理因素等多种复杂因素共同作用的结果。

甚至我的同行和其他医疗保健专业人员也普遍认为，羞耻感和恐惧感有利于促进改善健康[38]，但事实并非如此。大量研究表明，当超重者遭受体重歧视时，他们反而会吃得更多。一项试验招募了超重女性，让她们观看两段视频中的其中一段——一段视频描述了体重歧视内容，另一段视频则没有歧视色彩——然后让她们吃零食。[39]由于视频造成的情绪压力，观看了歧视内容的女性摄入的热量是另一组的3倍。这直接挑战了体重歧视对超重者有积极或"激励"作用的观点。

不仅如此,体重歧视还会导致更加不合理的食物选择、进食障碍风险的增加、回避运动的情况增加以及物质滥用[①]的加剧,比如酗酒。[(40)]这种长期的伤害甚至会增加肥胖人群的死亡率。因此,教育人们了解与肥胖相关的健康风险固然重要,但这并不意味着任何人有权贬低、不尊重或欺凌肥胖者。

结论: 肥胖本身对我们的健康有害,但许多人往往见木不见林。减肥不应该是为了迎合社会标准,而是为了改善健康、提高幸福感和延长寿命,这样你才能真正成为那个本该耀眼夺目的自己。无论你是医疗保健专业人士、医生、营养师、营养学家、教练甚至是某位超重者的朋友,我们谈论肥胖的方式对人们的影响超出我们的想象。因此,那些看似轻松的玩笑往往可能成为引发一系列负面后果的第一块多米诺骨牌。

体重误区 No.8:胖是你的错

你就是懒!整天坐在那儿一动不动!吃点儿沙拉吧!去健身房运动一下!如果你是超重者,那么你可能已经经历过这些言语的侮辱。这些不友善的言语源于一种极端还原论[②]的观点,表明对肥胖的

---

① 对某种物质持续性或间歇性过度使用的状况。
② 还原论,主张把复杂的事物分解为最基本的组成部分来进行研究和解释事物的一种观点和方法论。

复杂性和细微差别缺乏了解。

影响一个人肥胖风险的因素数不胜数，包括生物学、环境和心理因素等方面。例如，在FTO基因（脂肪量和肥胖相关基因）中有特定类型突变的人，在餐后不能有效地抑制胃饥饿素（ghrelin），这意味着他们无法正常调节饥饿感。[41]另外，出于各种遗传原因，分开抚养的同卵双胞胎最终往往体重相似。[42]

研究人员现在还发现，童年创伤在肥胖问题中起到重要作用。童年时期的性虐待除了会留下深刻的情感创伤外，还往往会导致受害者对食物产生病态的痴迷，许多人变得容易暴饮暴食。还有一些人会故意增重，以使自己失去性吸引力，希望自己遭受的不幸不会重演。"护士健康研究"对57321名成年人进行调查后发现，超过10%的受访者曾遭受过严重的身体虐待或性虐待。一个人在童年时期无论遭受过哪种伤害，其食物成瘾的风险都会增加90%。[43]如果一个孩子同时遭受过身体虐待和性虐待，那么他们日后食物成瘾的风险将增加140%。此外，食物成瘾女性的BMI要比正常女性高出6个单位。

个人创伤只是影响肥胖风险的环境因素之一，另一个因素是地理位置。你知道吗？你居住的地方是预测肥胖的最大因素之一。此外，食物的可获得性以及影响我们体重的社会经济因素不容忽视。在美国，约有1350万个家庭面临食物不安全问题[44]，这意味着他们无法持续获得足够的食物来保证全家人拥有积极、健康的生活方式。不出所料，这些人中肥胖者的比例过高。

我想用一个例子来说明英国的饮食环境有多么荒谬且容易使人发胖，这源于我当医生的工作经历。一个星期五下午，当我站在伯明翰一家繁忙的医院食堂里时，我突然意识到一个令人震惊的事实。在英国，人们在星期五有吃炸鱼和薯条的传统。这个星期五也不例外，一份炸鱼、一堆香脆的薯条和一份酱汁如期供应着，价格也不贵，只要2.75英镑。我对油腻的食物很警惕，尤其是当我需要保持清醒来照顾我的病人时，因此我决定搭配一小盒沙拉。

我希望这些充满活力、爽脆的绿色蔬菜能为我的午餐增添一些健康元素，或许还能提高我的认知能力。然而，这小小的一份沙拉（一把生菜、两个圣女果、三片黄瓜和一些红辣椒）竟然花了我3英镑！当我盯着那盘热量高达2000千卡的米黄色油腻炸鱼和薯条时，现实突然让我清醒过来。尽管我拥有多年来积累的营养知识，能够指导病人限制摄入高热量的油炸食品，但我发现自己被有限的食物选择逼得走投无路。

那一刻让我清醒地意识到，我们的饮食环境在健康方面扮演着至关重要的角色。无论你的"食商"有多高，如果无法选择更健康的食物，那么这些知识实际上毫无用处。英国政府最近颁布了一项法律，要求餐厅必须在菜品旁边标明热量，但这只能说明问题的严重性。因为这项法律非但没有从根本上解决问题，反而加重了消费者的责任，将政府和食品制造商的责任推得一干二净。在贫困加剧、生活成本不断上升和燃料价格飙升的情况下，"只要选择低热量饮食就能减肥"的说法听起来荒谬至极。它削弱了政府采取行动以改善食品供应的必要性。

那么，哪些干预措施会有帮助呢？最有意义的变化需要各级政府的政治影响力和决心。例如，我们已经在化石燃料行业看到了成功的案例。政府在这方面采取了一些监管干预措施，包括禁止在

2035年之后生产柴油汽车，从而迫使领先的汽车品牌提供价格实惠的电动汽车。在营养方面，我们已经看到了糖税的成功实施，这需要多个部门在幕后进行大量的协调工作。营养科学咨询委员会（Scientific Advisory Committee on Nutrition）发布了一份报告，建议将食物中游离糖的摄入目标定为总能量的5%。之后，英国政府向食品行业提出挑战，要求其在2020年前将食品中的含糖量减少20%。[45] 随后，英国政府于2016年3月宣布对含糖饮料征收三级税，这是全世界首次对软饮实施多级税收，旨在推动配方改革。每100毫升含糖量超过5~8克的产品按每升18便士征税，而每100毫升含糖量小于5克的产品则无须缴税。在食品行业面临重新配制全英国最受欢迎软饮的挑战的同时，还开展了大规模的公众宣传活动，比如"改变生活（Change4Life）"倡议，媒体也更加关注与糖有关的危害。[46]

这项干预措施在很大程度上取得了成功。如今，英国约70%的软饮使用人工甜味剂而非添加糖，以减少总热量和糖的摄入量。同样，英国在减少食物含盐量方面也取得了类似的成就。从2003年到2018年，由于英国减盐策略（UK Salt Reduction Strategy）的实施，人均盐摄入量从每天9.38克减少到8.38克。[47] 随着时间的推移，食品中钠含量的逐步减少为降低英国人口的脑卒中和心血管疾病死亡率做出了贡献。到2050年，这一措施有望预防8.3万例缺血性心脏病和11万例早发性脑卒中，并为英国节省16.4亿英镑。[48]

能够带来真正改变的模式已经存在。我们拥有可供借鉴的模板和证据，表明采取这些措施可以成功且有意义地改善生活。因此，政府需要做的就是采取行动。接下来的步骤是将现有政策应用于其他有助于对抗肥胖的饮食因素，如减少总热量和饱和脂肪的摄入，同时增加食物中的纤维含量。一个具体的例子是通过征税为廉价消费品设定某些"健康"标准，从而迫使食品行业改良其产品以实现目标——如果他们想要维持市场份额并保持盈利能力的话。例如，你不必花75便士购买普通的巧克力棒，而是可以用差不多的价格购买一个对健康更有益的巧克力棒——纤维含量超过5克、饱和脂肪含量少于2克且热量低于150千卡。理论上，这种巧克力棒在纤维含量、饱和脂肪和热量这三个方面都会得到高分，并被评为"健康等级3"。

结论： 重要的是，我们要开始意识到一些肥胖与影响健康和体重的社会因素之间的微妙关系。如果政府希望减轻医疗保健系统的负担，改善人们的生活质量，就需要在食品政策和肥胖问题方面进行重大改革，因为影响肥胖的许多因素是我们无法控制的。尽管如此，我们可以在此时此地尽最大努力，在我们能控制的方面采取行动。

要点回顾

1. **脂肪细胞对生存起着至关重要的作用。** 它们充当能量库，帮助调节体温，并产生瘦素和脂联素等激素，从而调节能量摄入和胰岛素抵抗。然而，过多的脂肪会导致健康问题。

2. **全球的肥胖率令人担忧。** 全球13%的人口和美国43%的成年人被归类为肥胖，肥胖给身心健康带来了严重的挑战，包括身体不适和自尊心受挫等问题。

3. **体内脂肪过多会引发多种健康问题。**除了身体不适之外，过多的脂肪组织（尤其是内脏脂肪）还会导致胰岛素抵抗、血脂升高和高血压。此外，脂肪产生的生化产物会向血液中释放有害的促炎和促血栓的化学物质。这会增加心血管疾病、代谢性疾病、癌症以及抑郁症等精神疾病的发病风险。

4. **减肥可以改善健康状况。**研究表明，即使生活方式的改变不一定能促进健康，但与之相关的减肥仍然可以对健康指标产生有益影响。因此，虽然改变生活方式至关重要，但体重减轻本身也有助于改善健康状况。

5. **BMI很有用：**尽管BMI因其起源和被广泛应用于不同人群而饱受批评，但在不单独使用的情况下，它仍然是一个预测不同人群体脂率和疾病风险的有效工具。

6. **"95%的减肥计划以失败告终"的说法可以被推翻。**"95%的减肥计划以失败告终"这一广为流传的统计数字是基于过时且受到背景限制的研究得出的。减肥"成功"的定义需要被重新界定，即实现临床意义上的健康改善，而仅仅减轻5%~10%的体重就足以达到这一效果。此外，这些数据已在多年的研究中反复得到验证。

7. 减肥文化和体重歧视可能会造成伤害。 社会对特定体形的过度痴迷导致有害的减肥文化蔓延和广泛存在的体重歧视。对肥胖人群的负面刻板印象，包括懒惰和缺乏意志力的指责，在社会观念中根深蒂固。体重歧视并非改善健康状况的动力，而是造成不良健康后果的原因，比如热量摄入增加、饮食选择不合理、进食障碍和物质滥用等问题。

8. 肥胖是一个复杂的问题。 肥胖的原因是多方面的，仅仅将体重超标归咎于个人是错误的。遗传因素、童年创伤等心理诱因以及地理位置等决定健康的社会因素都会对个人的肥胖风险产生重大影响。

9. 食物的环境和食物的可获得性很重要。 社会经济和地理环境对食物选择和肥胖风险影响显著。由于更健康的食物往往价格更高且难以获取，因此贫困家庭或生活在"食物沙漠"中的人们受到的影响尤为严重。然而，政府制定的政策往往把责任推给消费者，而忽视更深层次的结构性问题。

10. 持续性减肥策略确实存在。 认识到肥胖问题的复杂性，并了解健康的各种社会决定因素的影响至关重要。政府需要在食品政策和肥胖管理方面进行系统性改革。虽然许多影响肥胖的因素是个人无法控制的，但人们仍可以采取一些策略来持续地管理体重。这些策略将在下一章中概述。

减肥：实现持续减肥

只需要少吃多动，对吗？嗯，答案是肯定的……但也是否定的。

希望到目前为止，你已经意识到肥胖的能量平衡模型（EBM）是科学界的共识。根据该模型，减肥的唯一方法是制造热量赤字，即消耗的热量多于摄入的热量。确实，遵循像"少吃多动"这种还原论的建议可以轻松减掉20磅甚至40磅体重。你只需从本书第一章中的主流饮食方法中挑一个即可。

事实证明，持续减肥并不像增加运动量和减少食物摄入量那样简单。持续减肥要复杂得多，涉及多个方面。不过，值得庆幸的是，我们可以参考一个非常有用的研究项目，它展示了哪些习惯有助于减掉大量体重并防止反弹。这个研究项目被称为"全美体重控制登记处"（National Weight Control Registry，NWCR）。[1]

"全美体重控制登记处"是迄今为止规模最大的减肥研究项目，研究对象为1万多名成功的"减肥者"，他们平均减掉了66磅的体重。更重要的一点是，他们在超过五年半的时间里都保持了减肥效果。在这项研究中，80%的参与者是女性，平均年龄45岁。我们还知道，其中45%的参与者是在没有任何指导的情况下自己减肥的。这应该会让你充满信心：只要你遵循本书的建议，成功减肥的概率就很大。通过评估这些女性的习惯并找到她们之间的共同点，我们就可以找出实现持续减肥的最佳策略。

每天吃早餐

在成功减肥的"全美体重控制登记处"的参与者中，78%的人每天都吃早餐。吃一顿健康的早餐有助于调节一天中其他时间的食欲，改善血糖水平并促进脂肪酸分解。通过食物的热效应，即消化和处理食物所需的热量，可以消耗更多热量。早餐不仅有助于调节昼夜节律，保持其正常波动，还有助于改善一般运动（非运动性活动产热，NEAT）[①]、运动习惯（运动性活动产热，EAT）、心理健康状况和能量水平。

对照试验表明，多吃早餐并少吃晚餐可以减掉更多体重，有时减肥效果甚至会**翻倍**！出现这种现象有几个原因。尽管从昼夜节律的角度来看，一天中较晚时段的热效应或能量消耗，可能与较早时段存在些许差异，但这种差异微乎其微。更重要的是，提前摄入能量可能对我们的一般运动和活动水平（非运动性活动产热和运动性活动产热）产生积极影响，并有助于改善情绪、主观能量感受或疲劳水平。

此外，一项最新的严格控制研究表明，早餐吃得越多，越能有

---

① 指人体在日常活动中，如站立、行走，甚至紧张等情况下消耗的能量。

效地抑制一天中的饥饿感，甚至在随后的进餐时间也是如此。[2] 更有效地抑制饥饿感意味着通过食物摄入的总能量更少。这些因素共同解释了为什么许多自由生活试验（人们可以自行安排饮食和活动）的减肥效果更好。

每周称一次体重

称体重是保持目标进度的一种方式，也是提醒自己正在减肥的一种常规方式。在成功减掉大量体重的人群中，75%的人至少每周称一次体重。然而，如果你觉得称体重并不是一种愉快的体验，那么还有许多有科学依据的替代方法，比如：

- 肢体测量或腰围测量（例如，用卷尺测量腰围或腿围）
- 运动监测（跟踪活动水平、心血管健康或力量，例如：**我今天是否步行了1万步？在跑步机上跑20分钟感觉更容易了吗？我需要增加深蹲的负重量吗？**）
- 计算热量或者写饮食日记（使用应用程序或笔记本）

值得强调的是，通过定期称重或计算热量进行自我监督可能会损害某些人的精神状态。如果你感到过度焦虑，或者你的称重行为变得具有强迫性，这可能不是对你最有效的方法。虽然绝大多数实现持续减肥的人确实会采用某种方式进行自我监督，但你应该反思一下这一过程对你心理状态的影响，并意识到这并不是成功减肥的必要条件。

将每周看电视的时间控制在10小时内

在美国,人们每周看电视的平均时间高达28个小时。[3] 相比之下,在"全美体重控制登记处"的参与者中,62%的人每周看电视的时间不超过10个小时,36%的人每周看电视的时间不超过5个小时。在控制体重方面,久坐只会适得其反。这不仅是因为缺乏运动,还因为久坐会对能量水平、心理健康以及相关的饮食习惯产生连锁反应。一项涵盖13项研究的Meta分析发现,看电视的时间过长会显著增加5种精神健康障碍的发病风险,尤其是压力和焦虑。[4]

每天至少运动一小时

毫无疑问,运动有助于消耗更多热量,从而使减肥变得更容易。数百项随机对照试验表明,即使不改变饮食习惯,单靠运动也能使体重适度下降。[5] 研究还显示,90%的减肥成功者每天运动一小时左右。然而,人们经常忽视的一点是,运动几乎能够改善健康的所有方面以及日常生活结构。此外,运动不仅能够带来满足感,还能在当天为你注入额外的能量和动力。

养成运动习惯是保持体重和健康生活的基本组成部分。[6] 因此,即使你的运动计划并不是为了燃烧大量热量,定期运动也会对你生活的许多方面产生积极影响,让你的减肥之旅更容易坚持下去,减肥成果更令人满意。

然而，需要注意的是，在健身房"全力以赴"地锻炼或试图通过运动消耗大量热量可能并不会进一步促进减重。杜克大学进化人类学与全球健康专业的副教授赫尔曼·庞瑟博士（Dr Herman Pontzer）提出的"约束能量模型（Constrained Energy Model）"指出，身体会通过减少用于其他生理过程的能量来适应增加的运动量，从而将总能量消耗维持在一个较窄的范围内。[7] 这意味着通过运动消耗更多能量往往会对一般运动产生负面影响，同时还会增加对美味食物的食欲。这就是为什么E-MECHANIC研究表明，运动消耗的约30%的热量会通过食欲增加和随后的热量摄入得到补偿。[8] 因此，更高强度或更长时间的运动并不总是意味着更好的减肥效果。

因此，与其专注于运动消耗的热量（请记住，手表、跑步机和腰带式监测器的数据并不总是准确的），更有效的做法是选择你喜欢的、能够长期坚持的运动。

摆脱非黑即白的思维方式

在饮食选择方面保持灵活性往往会遭到批评。批评者可能会说"你只是不够自律"或者"你没有很想瘦"，或者会问"你为什么吃这些不健康的食物？"然而，这种刻板的饮食观念其实是减肥失败的典型原因，而摄入各种各样的食物则预示着减肥效果会得以保持。[9] 将食物分为"好"或"坏"是二分法或非黑即白思维的一个例子，这种观念会对健康状况和体重产生不利影响。

一项针对241名成年人的研究发现，用二分法看待食物问题会对参与者保持健康体重的能力造成不利影响。[10] 其他研究表明，在饮食上持包容态度可以获得更好的减肥效果[11]，这一点在另一项研究中得到了证实。该研究禁止一组参与者吃面包——不出所料，该组参与者的中途退出率是对照组的3倍。[12] 显然，严格限制食物选择对任何人都没有好处，甚至可能损害人们的身心健康。所以，你不应该因为周末在喜爱的餐馆吃饭或参加朋友的生日烧烤派对而感到内疚。归根结底，这是一个关于均衡饮食和长期习惯的问题，偶尔的放纵并不会产生太大的影响。我们知道，并非所有的食物都同样有营养，但了解所有食物都可以在减肥的过程中占有一席之地是非常重要的。

了解蛋白质和纤维的重要性

到目前为止，你肯定已经听说过蛋白质和纤维在减肥中的重要性。蛋白质是最具饱腹感的宏量营养素，能提供最高的热效应（20%~30%），因此在任何减肥计划中都必不可少。然而，**并不是必须摄入大量蛋白质才能达到减肥目的**，许多人依靠低蛋白的植物基饮食就能轻松减肥，原因在于这些食物的加工程度最低，富含纤维和全谷物。

然而，蛋白质的重要性在于它有助于在减肥过程中保持肌肉质量。肌肉质量是长寿和生活质量的支柱，因为它可以作为葡萄糖的代谢池，帮助改善心血管健康和骨骼健康——所有这些因素都会显著影响一个人老年时的健康状况。[13] 此外，高纤维碳水化合物的热效应也相对较高，约为20%，大部分不会被人体吸收，能有效增强饱腹感，并对新陈代谢和肠道非常有益。

尽量减少超加工食品的摄入

在一项研究中，健康的成年人摄入了42克原生态、完整的生杏仁（30~35颗），结果平均吸收了185千卡热量。然而，当他们摄入了相当于同等数量杏仁的杏仁酱后，平均吸收的热量竟然高达274千卡。[14] 也就是说，仅仅由于食品的加工方式不同，热量的产出就增加了50%以上。

各种研究表明，食物的形态会影响宏量营养素的吸收。与其他形态的坚果相比，从完整坚果中吸收的脂肪较少。这表明食物中营养素之间的化学键会影响食物的代谢能。[15] 另一项研究也发现了类似的情况，该研究对营养成分完全相同的奶酪三明治进行了研究。[16] 与杂粮奶酪三明治相比，经过加工的白吐司奶酪三明治使餐后能量消耗（或称食物热效应）减少了65千卡，这意味着消化白吐司奶酪三明治时消耗的能量显著减少。[17] 这相当于食物热效应减少了近50%，也就是说，如果你所有的餐食都是超加工食品，那么这可能显著减少你在一天内消耗的热量。

这个原则同样适用于果汁、软饮、苏打水和奶昔等液体中的热量。含糖饮料也是一种超加工产品,由于其热量密度大,饱腹感极低,因此一直与体重增加联系在一起。[18] 为了突出超加工食品缺乏饱腹感这一特点,研究人员让参与者在一家研究机构中进行了为期两周的研究,并给他们提供了主要营养成分相同的饮食——相同的热量、蛋白质、纤维、糖、钠等。唯一不同的是食物的加工程度,参与者被告知可以按照自己的意愿少吃或多吃。结果发现,超加工食品组每天比未加工食品组多摄入惊人的500千卡热量。[19] 这导致超加工食品组增加了2磅的体重,而未加工食品组**减轻**了2磅的体重。仅仅遵循了两周这样的饮食后,两组之间的体重差异就达到了4磅!

简而言之,食物在摄入前的加工程度越高,摄入后身体所需的工作就越少。经过高度加工和过度烹饪的食物导致饱腹感降低、食物吸收增加和热量消耗减少,从而使热量的摄入量增加,即使其营养成分与未经过加工的食物相同。

因此,为了让你的身体保持更健康的能量平衡,重要的是避免摄入液体热量,并优先选择加工程度最低的天然食物。

计算热量并不简单

热量摄入,热量消耗——这个简单的规则定义了全球超过10亿人的减肥策略。虽然我们已经确定减肥的机制是制造热量赤字,但通过计算热量来制造热量赤字的策略可能不是最明智的。其中一个问题是，众所周知，人们并不擅长计算自己的热量摄入量。[20]此外，我们往往会高估通过运动消耗的热量，有时甚至高估很多。[21]

我接触过许多饮食障碍患者，他们起初都喜欢计算热量，但后来变得执着于将所有食物都简化为数字。在进食时，他们看到的都是数字，任何热量超过400千卡的食物在他们眼中都是对健康有害的……即使这是一道非常健康的烤三文鱼排配鳄梨和沙拉。这与使用热量追踪应用程序和饮食障碍症状有关的研究结果相符。[22]一项研究发现，在使用一款流行的热量追踪应用软件的男性中，有近40%的人认为该应用软件是导致他们出现饮食障碍的其中一个因素。[23]

对一些人来说，计算热量可能很有用，可以帮助他们保持健康的饮食习惯。然而，由于难以准确评估热量摄入量及潜在的心理弊端，我认为教育人们如何实施食物策略，从而在潜意识中控制摄入量通常更有效。

不要盲目相信食品标签

食品标签起源于20世纪70年代，内容包括热量和钠含量，为那些有"特殊医疗需求"的人群提供参考。如今，食品营销术语随处可见："无麸质""纯天然""无转基因""无添加糖""无人工调味品"，诸如此类的营销术语不断增加。不出所料，100多项独立研究表明，现代食品标签让许多人感到困惑。[24]

此外，食品标签上的信息并不总是准确的。例如，美国的食品标签受美国食品药品监督管理局（Food and Drug Administration，FDA）的监管，该机构允许标注的热量含量存在20%的误差。英国也存在类似的情况。虽然英国的食品标签受英国食品标准局（Food Standards Agency，FSA）监管，但该机构并未规定误差范围，而且在许多情况下，它允许食品企业自行计算其产品的热量。在测试多种热门零食产品时，弹式量热法（评估热量值的黄金标准）显示，一些零食少报了7.7%的碳水化合物含量。[25]这种情况也出现在餐馆烹饪的菜肴中，虾仁意面标注的热量为250千卡，但研究人员发现其实际热量为319千卡！[26]简而言之，我们不应该盲目相信包装上的热量数字。因此，我并不建议我的患者计算热量，但如果你发现这种方式有助于约束自己，那就完全没问题。

可以摄入人工甜味剂

对爱吃甜食的人来说，含有人工甜味剂的饮料可以帮助他们控制食欲，而不会增加糖分带来的额外热量。这有助于养成更健康的饮食习惯，并最大限度地减少添加糖的摄入量。此外，多项对照试验表明，人工甜味剂似乎不会增加饥饿感、引起食欲或导致肥胖。[27]由于人工甜味剂能够持久抑制对糖的渴望，如果你是甜食爱好者，那么你甚至可能会发现人工甜味剂比水更适合用于减肥。

练习正念饮食

正念饮食包括每时每刻都关注你的食物、理解食物的意义、无评判地进食、倾听身体的声音并理解饱腹感，是一种在进食时保持专注的艺术。这一主题值得关注，因为它已被证明可以帮助减肥，减少暴饮暴食并有助于保持良好的心理健康。此外，在包括伊斯兰教在内的许多宗教中，正念饮食都是饮食礼仪的重要组成部分。

让我们来看一些有助于减肥的重要正念策略。首先，试着将每口食物咀嚼至少二十次。这有助于缓解消化不良和反流症状，并间接降低进食速度。这很重要，因为进食速度越快，就越容易吃得过多。[28] 你可能会发现，每吃一口食物放下叉子，等完全咀嚼并吞咽后再拿起叉子，这样做会非常有效。同样，尽量不要一边吃东西一边看电视或在手机上浏览 TikTok（除非是看我的 TikTok）。请在吃饭时保持专注：只关注自己和盘中的食物。

使用较小的盘子和餐具

另一个实用的策略是在进食时注意餐具的选择。研究表明，盘子的大小会影响我们对食物饱腹感认知以及对热量摄入量的判断。盘子越大，食物的分量就越多，因为我们总是想装满整个盘子。"你不吃完盘子里的东西就别想离开餐桌！"这是我小时候在晚餐时经常听到的一句话。即使是在一次有85位营养专家参加的冰激凌社交活动中,拿到较大碗的人也会在不知不觉间多盛31%的冰激凌。[29] 同样,有证据表明较小的勺子能够减少每口食物的分量,降低进食速度并减少食物的摄入量。[30]

要点回顾

肥胖是一种涉及多方面的复杂疾病,其解决方案不能简单地归结为"少吃多动"。但请记住这一点:**你的体重并不能决定你的价值**或你作为一个人的价值。肥胖不是你的错。

尽管许多导致肥胖的因素超出了我们的控制范围,但我们可以尽自己所能,持续减肥并改善健康状况。以下是其中的一些方法:

1. **行为是关键**。成功的长期减肥取决于行为,而不仅仅是你选择的饮食。你可以通过定期进行客观测量来对自己负责(例如,通过称体重、写饮食日记以及测量身体尺寸等方式进行自我监测)。此外,你还需要定期运动,吃早餐(如果方便的话)并减少看屏幕的时间。

2. **注重摄入加工程度尽可能低的食物**。食物越接近其原始形态,"加工"程度就越低。这有助于增加饱腹感,降低食物的热量密度,增加消化所需的能量,并减少我们从食物中摄取的能量。

3. **寻求支持**。找一个人来监督你,给你提供建议、支持和提醒。你可以选择你的健身搭子,或者每周约一个志同道合的朋友在咖啡馆见面。

4. **不要害怕摄入低热量食品**。低热量或无热量的食品和饮料是全糖版本的绝佳替代品。它们不仅有助于减少总热量和添加糖的摄入量,还能让你尝到甜味,抑制你对糖的渴望。

5. **有意识地进行正念饮食**。吃饭时不要分心。避免在看电视时或者在办公时吃东西。每吃一口就放下餐具,细嚼慢咽!这些做法有助于减少饥饿感,增强饱腹感,并帮助你判断自己是因为饥饿还是分心而进食。

6. **本书的所有章节及其相关主题对我们管理体重的能力起着重要作用**。例如,**在什么时间进餐**会影响饥饿感、能量消耗和睡眠质量,这些对体重管理至关重要。因此,请确保在一天中的早些时候摄入更多热量。**炎症**会加剧代谢性疾病和饥饿激素的波动。紊乱的饥饿信号会增加能量摄入和食欲。**情绪低落**或心理健康问题会影响一个人的饮食动机和遵循程度,增加选择不健康食物的可能性,导致压力性饮食并影响睡眠。此外,我们体内**微生物组**的健康状况会影响能量摄入、能量消耗、饥饿感和心理健康。最后,所有**流行的饮食方式**都可以通过制造热量赤字来实现减肥。因此,遵循每章的建议将提高你有效减肥并保持体重的能力。

第三部分

新科学

在揭穿了关于流行饮食、炎症、肥胖和减肥的常见误区后,我们站在了未来的风口浪尖上。欢迎来到《饮食的谬误》的第三部分,标题"新科学"非常贴切。在这一章中,我们不再深究那些普遍的误区,而是大胆探索时间营养学的开创性领域和进餐时间的重要性,揭开肠道微生物组的神秘面纱,探讨饮食、抑郁症和痴呆症之间错综复杂的关系。当我们在探索这些令人兴奋的前沿领域时,请准备好接受启迪,拓展我们对营养及其对健康和福祉深远影响的理解。

时间营养学与睡眠：餐盘上的时间

"不仅仅吃什么很重要，什么时候吃也很重要"，这一理念可能会让你对饮食和健康的理解焕然一新。[1] 在上一章中，我们探讨了饮食选择对体重管理的深远影响，揭示了热量平衡、宏量营养素构成和饱腹感背后的科学原理。此外，我们还研究了如何通过调整饮食搭配来实现成功减肥。

然而，饮食中的营养成分并不是故事的结尾。在什么时间进餐对我们的健康和幸福以及减肥过程，都起着至关重要的作用。欢迎来到"时间营养学（chrononutrition）"的世界，这是一个将营养学和时间生物学结合起来的研究领域。它考虑到了我们体内的生物钟（chrono 意为"时间"），这些生物钟调节着许多生理过程，包括消化、新陈代谢和激素分泌。随着研究的深入，我们会发现，将进食时间与生物节律保持一致，不仅能增强减肥效果，还能改善整体健康状况。因此，让我们一起踏上这段旅程，探索时间、食物和我们身体之间奇妙的相互作用吧。

中世纪犹太哲学家迈蒙尼德（Maimonides，1135—1204）有一种非常特殊的健康饮食方法。他指导人们如何过健康的生活，其中一部分内容包括应该吃什么、什么时候吃以及吃多少。也许他最著名的一句话是:"早上吃得像国王,中午吃得像王子,晚餐吃得像农民。"在过去十年里,越来越多的证据表明,进食时间确实会影响一系列生理过程。

时间营养学的事实 No.1: 进食时间对健康有影响

那么,为什么一天中的进食时间很重要呢?简而言之,人体在夜间很难代谢营养物质。你是否想过,为什么或者在什么情况下你的身体在临近睡觉时会感到疲倦?或者,你是否思考过,为什么懒洋洋地在床上躺了一天——即使睡了一整天,也不会真正感到精力充沛?这是因为人类已经进化成遵循"昼夜"的生活方式,也就是所谓的睡眠/清醒周期或昼夜节律(circadian rhythm)。

人体的所有生理过程都遵循一个大致为24小时的循环周期。新陈代谢功能在白天会得到优化,在夜间则会减弱,以便让身体有时间恢复。这对我们来说是有利的,因为在白天,负责维持体内稳态(身体稳定内部环境的能力)的细胞功能处于最高效的状态,以便适应环境的任何变化。例如,当我在医院连续工作了13小时筋疲力尽的时候,我感到大脑开始疲惫,并且在临近傍晚、夜幕降临时效率降低。这是一种正常现象,因为在日常活动中,只有当我们的大脑保持活跃时,我们才能思考、完成任务、进行沟通。葡萄糖和其他化合物以及像皮质醇和血清素这样的"警觉"激素持续提供能量,帮助身体正常工作。然而,随着一天即将结束,这一过程开始放缓。

我们的祖先更需要在白天优化身体机能，因为这往往意味着生死存亡。负责我们"战斗或逃跑"反应的交感神经系统在白天需要更好地工作，这样我们才能在危险时刻迅速采取行动。这会导致肾上腺素和皮质醇的释放，从而提高心率和肝脏的葡萄糖输出量（肝糖异生[①]）。这一过程为我们的祖先提供了逃离野生动物或击败有威胁的敌人的最佳机会，因为通过这一过程，血管充满了在需要时可以用作能量的糖分。当危险过去后，这些机制就会关闭，让身体恢复到正常状态。

　　人体受其昼夜节律的支配。这些节律存在的原因是几乎每个组织和器官内部都有一个生物钟，它能够促进昼夜节律循环。想象一下，在你的身体里，一位工厂经理正站在一条生产线的顶端，生产线上是一箱箱包装得严严实实的热量。每个箱子代表着被输送到工厂各个部分的能量，而将这些箱子推向不同方向的工人则代表着我们的新陈代谢过程和激素。经理留心观察着这些工人，指导他们应该何时开始或停止工作。如果缺乏监督，那么工厂的某些区域可能无法达到最佳或最高效的运作状态。这位经理象征着昼夜节律的"主时钟"，负责协调所有流程，确保它们顺利、及时地进行，并防止意外情况的发生。无数的"外周时钟"都听从于这唯一的"主时钟"，即视交叉上核（suprachiasmatic nucleus，SCN）。视交叉上核是大脑下丘脑的一个高度专业化的部分，直接接收来自眼睛的信号。为了维持体内稳态，身体的外周时钟与视交叉上核保持同步。因此，许多新陈代谢和消化功能都会基于明暗交替，遵循一个大约24小时

[①] 由非糖物质（乳酸、甘油、生糖氨基酸等）转变为葡萄糖或糖原的过程。

的周期。

外周时钟的一个例子是消化系统。消化系统中的许多重要功能都表现出昼夜节律变化。例如，口腔会分泌唾液来帮助消化并促进食物通过食道。我们现在知道，白天的唾液分泌量会增加。唾液中含有的重要酶类，如淀粉酶，有助于将碳水化合物分解成葡萄糖。这就是为什么如果你长时间咀嚼咸味饼干，最终会尝到其中隐藏的甜味。

消化系统功能在白天得到优化还表现在食物的移动速度上。胃排空率（食物从胃排出的速度）在白天较快，消化道的蠕动（通过肌肉收缩使食物通过肠道）也与昼夜节律周期相关。晚上的情况则相反，因为在睡眠期间，食物通过大肠中的速度会减慢。[2]

我们的饥饿感和饱腹感虽然很复杂，但与两种激素有关，即胃饥饿素和瘦素。胃饥饿素通常被称为"饥饿激素"，而瘦素则被称为"饱腹激素"。这两种激素会与我们的常规用餐时间保持同步，所以那些习惯吃早餐的人在醒来时会感到饥饿。这种现象也出现在那些间歇性禁食或遵守斋月的人身上。禁食的前几天特别难熬，因为你的消化系统已经习惯了你醒来就进食。然而，几天后，你的身体会适应这种变化，禁食也就变得容易了。这就是为什么在连续几天不吃早餐后，人们不再感到饥饿的原因。

现在，我们已经对人体的昼夜节律及其与消化的关系有了基本的了解，让我们来看看在一天中的不同时间进食会发生什么。

时间营养学的事实 No.2：晚餐吃得太晚的危害

在思考这个问题时，一个有助于说明问题的例子是比较晚上吃一顿大餐和白天早些时候进食会发生什么情况。观察性研究发现，那些习惯太晚进食的人患上2型糖尿病和心血管疾病等代谢疾病的风险增加。这种现象在西方国家越来越普遍——美国人通常在晚上6点以后摄入全天大约三分之一的热量，而英国也出现了下午和晚上摄入热量增加的趋势。[3] 目前的饮食习惯表明，我们在晚上摄入的能量占总摄入量的40%。那么，当我们在一天中较晚的时间进食时，会发生什么呢？

我们的身体在接近"昼夜节律"中的"夜"时——也就是我们通常入睡前的几个小时内——调节血糖水平的能力较弱。在进化史上，我们不需要像现在这样全天积极地调节血糖水平，因为早期人类通常无法立即获得食物。必须花费数小时跟踪一只小型哺乳动物，捕猎、杀死并准备好才能吃第一口食物的时代已经一去不复返了。得益于技术、供应链和配送系统的发展，现在西方世界的大多数人随时都能轻松获得食物。如今，每条主干道上都有超市或便利店，你可以在那里买到自己喜欢的食物。这是人类历史上唯一按下按钮，十五分钟后就能在家门口收到一份新鲜制作的日式咖喱猪排饭的时代。

有一项研究探讨了进食时间对身体代谢过程的影响，研究对象是20名固定在晚上11点睡觉的健康志愿者。他们分别在晚上6点或10点吃一顿完全相同的晚餐。结果显示，晚上10点吃晚餐的那组志愿者的餐后血糖峰值更高，这意味着他们的血糖在摄入食物后上升到更高水平，并在较长时间内维持在这种较高水平，长期如此会对细胞造成损害。此外，这组志愿者的饮食脂肪酸氧化水平（食物中脂肪的分解）也较低，这表明食物代谢效率低下；同时，他们的皮质醇水平升高，这表明激素调节功能受到了干扰。[4] 这些差异表明，过晚进食对健康的多种重要代谢过程产生了负面影响。研究人员得出的结论是，如果这些代谢效应持续存在，可能会导致肥胖症的发生。

在一项为期两周的随机交叉试验中也观察到了类似的结果。[5] 研究人员要求11名健康女性连续13天、每天在上午10点或者晚上11点摄入200千卡的零食，这些零食主要由脂肪和碳水化合物组成。第14天，在参与者进入呼吸舱后，研究人员对她们的能量代谢进行了长达23小时的检测。研究人员发现，与白天吃零食相比，晚上吃零食显著降低了脂肪酸氧化水平，并增加了总胆固醇和低密度脂蛋白（LDL）胆固醇水平。低密度脂蛋白胆固醇通常被称为"坏胆固醇"，因为它会将胆固醇运送至动脉中，导致胆固醇在动脉中沉积并形成斑块。研究人员发现，改变零食摄入时间会使总胆固醇增加9mg/dL，低密度脂蛋白胆固醇增加7mg/dL。换算成英国常用的单位，把零食的摄入时间改为晚上，会导致胆固醇增加0.6mmol/L（小于5mmol/L为健康水平）。因此，如果这类小零食变成西方国家许多成年人经常吃的丰盛晚餐，这种血脂差异会给健康带来更大的危害。

对啮齿动物的研究实验表明，进餐时间会改变某些胆固醇转换酶的表达，从而导致胆固醇合成增加。[6] 由于低密度脂蛋白胆固醇与心血管疾病的发生存在因果关系[7]，这进一步证明了夜间进食的习惯会增加心血管疾病的发病风险。最近对10项对照研究的分析验证了这些发现，该分析得出的结论是习惯在夜间进食的人葡萄糖耐量①较差。(8)

结论： 过晚进食会对多种关系人体健康最佳状态的代谢过程产生负面影响。这些负面影响包括葡萄糖耐量变差、脂肪代谢能力下降，以及皮质醇和低密度脂蛋白胆固醇水平升高。因此，在正常睡眠时间的前几个小时内应尽量避免进食大餐。

时间营养学的事实 No.3：
餐后血糖调节和夜间进食的影响

那么，为什么习惯在夜间进食会导致餐后葡萄糖耐量变差呢？当我们进食时，食物会被分解和消化，从而使血糖水平升高。身体的反应是通过胰腺释放大量胰岛素，以降低升高的血糖水平。胰岛素的作用是将血液中的糖分运回肝脏和肌肉中并储存为糖原，或者将其转化为脂肪酸，以脂肪组织的形式储存在体内。所以，胰岛素通常被称为"储存激素"，因为它能储存多余的能量，以备不时之需。

人体释放的胰岛素量与食物的成分有关。富含碳水化合物的食物由结合在一起的葡萄糖分子组成。自然，这些食物，如米饭和意

---

① 机体对血糖浓度的调节能力。

大利面，会导致血糖和胰岛素激增；而那些富含健康脂肪的食物，如鳄梨，或富含蛋白质的食物，只会引起血糖和胰岛素水平的小幅上升。这就是为什么1型糖尿病患者需要手动计算碳水化合物的摄入量来确定所需的胰岛素剂量，因为他们的胰腺无法自动完成这一过程。

有时，当胰岛素激增超过摄入食物的需求时，可能会导致一种被称为餐后或反应性低血糖的状态，即在进食后几个小时内，血糖水平暂时低于正常范围。这通常是由于胰岛素抵抗或2型糖尿病、胃肠道问题、激素缺乏等潜在疾病造成的，但在超重人群和精制糖含量高的饮食中也很常见。[9]由于人体只能在严格控制的环境中发挥最佳功能，因此这种血糖的暂时下降会触发身体的几种稳态反应，以试图恢复正常的生理功能。

人体试图恢复血糖水平的一种方法是释放皮质醇和肾上腺素等激素。如前所述，这些激素在控制血糖方面发挥着作用。皮质醇可能会增加对富含糖和脂肪的美味食物的渴望。暂时性低血糖还可能导致嗜睡或疲劳，从而在心理上促使人们摄入更多食物。夜间进食会导致这些代谢途径的调节能力下降，可能导致我们摄入更多高糖高脂肪的食物。为了解决血糖调节效率低下的问题，我们应尽量避免在晚上摄入碳水化合物含量高的食物，并优先在晚餐中添加纤维素和膳食蛋白质。这将有助于减少血糖异常升高的时间，从而长期保护血管和细胞。

时间营养学的事实 No.4：
进食时间如何影响食物热效应

我们消化、处理和吸收食物所需的能量被称为食物热效应（thermic effect of food，TEF）。脂肪的食物热效应为0~3%，碳水化合物为5%~10%，而蛋白质有20%~30%。[10] 也就是说，如果摄入100千卡的纯鸡胸肉，那么人体在消化过程中消耗的热量可能会多达30千卡，因而净摄入量只有70千卡。所以，从逻辑上讲，摄入更多富含蛋白质的食物会导致更高的能量消耗，这是大多数活跃人群所期望的。研究表明，在不增加总热量的情况下，只要增加饮食中蛋白质的比例，每天就能增加100~200千卡的能量消耗。那么，这与进餐时间有什么关系？有证据表明，食物热效应在夜间最多会降低50%，从而导致夜间进食摄入的净热量更高。[11] 如果你通常在早上消化，须消耗100千卡，那么同样的一餐在晚上消化可能只消耗50千卡。★[12]

我们的身体喜欢有规律的生活节奏，井然有序的代谢过程为它注入了生机与活力。这就是为什么进餐时间的规律性似乎也会影响食物热效应。研究发现，因改变进餐时间和频率而形成的不规律饮

★ 有趣的是，这种晚餐后热量消耗的减少可能并不一定是由热效应本身的减少所引起的，而是因为我们的基础代谢率在夜间较低。这一点在一项最新的研究中得到了证实。在临床研究机构中，研究人员对14名超重者进行了测试，让他们在研究机构内吃早餐、午餐和晚餐，并计算了他们的基础代谢率和食物的热效应。研究人员发现，当他们把晚间代谢的减少考虑在内时，这些食物的热效应实际上是保持不变的。因此，尽管一天中晚些时候消耗的总热量减少了，但造成这种减少的主要原因是静息代谢的减少，而不是食物的热效应。由此我们可以得出结论，人体在一天中的晚些时候消耗的热量较少。无论这是由食物的热效应还是基础代谢率降低引起的，这仅仅是学术观点上的差别。

食计划会对食物热效应产生不利影响，从而导致摄入的热量出现净增加。(13)

所以，保持更加规律的饮食习惯并在一天中的早些时候摄入更多蛋白质非常重要，因为这可以使我们的外周生物钟（例如消化系统）与主时钟（视交叉上核）同步，从而优化代谢功能并提高整体健康水平。现在我们已经了解了夜间进食对生理功能的一些直接影响，接下来我们看看它对健康的间接负面影响。

时间营养学的事实 No.5：夜间进食会降低白天的精力

如果你总是在晚上摄入一天中的大部分热量（睡觉前的几个小时内=昼夜节律的"夜晚"），那么在白天清醒时，你的身体就会面临能量不足的风险。这意味着你不会精力充沛，活动量也会减少。

想想你没吃午餐或晚餐的时候，是否还有兴致去散步、做家务，甚至参加社交活动？很可能不会。这是因为你的身体在潜意识里告诉你要通过减少走动来节省能量，这会让你感觉更懒惰。因此，不仅你的一般活动量会减少，你的运动强度和持续时间也可能会受到影响。一项涵盖37项对照研究的Meta分析表明，在大多数对照研究中，针对持续时间超过60分钟的锻炼，在锻炼前吃点东西可以提高运动表现和能力。(14)

任何有计划的运动都被称为运动性活动产热，而一天中的一般活动和小动作则被称为非运动性活动产热，包括做家务、上下班通勤，甚至是坐在桌前挠头。确保在一天中的早些时候摄入足够的热量，可能会对运动性活动产热和非运动性活动产热以及你在24小时内消耗的总能量产生积极的影响。

时间营养学的事实 No.6：睡前进食影响睡眠和情绪

临近就寝时间进食会对睡眠和情绪产生负面影响。[15]这是因为当我们在深夜进食时，负责消化和代谢食物的肌肉和器官就会在本该休息的时候被迫工作。这违背了我们的昼夜节律，可能会延迟入睡时间，进而妨碍我们进入深度睡眠阶段。

睡前进食不仅会延迟我们入睡的时间，还会扰乱我们的间歇性睡眠，甚至可能引发恶性循环：夜间进食影响睡眠，睡眠不足会增加夜间进食的欲望，夜间吃得更多又会进一步影响睡眠。深度睡眠是睡眠周期中最安稳的阶段，也是第二天让你感到精神焕发、精力充沛的必要条件。充足的睡眠时间和良好的睡眠质量是健康的新陈代谢以及体重管理的重要组成部分，我们将在本章后面讨论。此外，睡眠不足会增加食欲（尤其是对高热量美味食物的欲望）和压力、降低能量水平、导致饮食选择不合理并降低静息代谢率。

针对数万人的大量观察性证据表明，夜间进食的习惯会增加心血管疾病、2型糖尿病和肥胖等心脏代谢疾病的发病风险，并降低减肥的成功率。研究显示，对于正在积极尝试减肥或者改变饮食习惯的人来说，那些在夜间摄入大量热量的人更有可能无法完成他们为自己设定的目标。[16] 这可能是由于夜间食欲增加、睡眠质量较差、运动性活动产热和非运动性活动产热减少，以及更复杂的心理问题，比如无聊或者情绪化进食等。

时间营养学的事实 No.7：进餐时间会影响体重

现在我们了解了在一天结束前摄入大量热量会改变各种代谢过程，并对我们的健康产生负面影响的机制。因此，这些因素如何将"摄入热量vs消耗热量"的等式向不利于我们的方向倾斜，并导致体重增加变得清晰明了。

多项对照研究表明，夜间进食会对体重产生负面影响。在最近的一项研究中，研究人员将82名女性分成两个减重组，进行为期12周的减重计划。两组都摄入了大约有500千卡热量赤字的饮食，唯一的区别在于晚餐时间：其中一组在晚上7点30分进食，另一组在晚上10点30分进食。研究人员发现，早吃晚餐的组比晚吃晚餐的组平均多减重2.5千克，并且血脂和胰岛素敏感性（身体利用胰岛素调节血糖的能力）也有所改善。[17] 也就是说，只要改变吃晚餐的时间，每周就能多减掉0.2千克的体重！

这种类型的研究已经重复进行了多次。一项类似的研究发现，将早餐作为一天中最丰盛一餐的组比晚餐吃得最丰盛的组多减掉了5千克，尽管两组每天摄入的热量都是1400千卡。[18] 在另一项研究中，参与者被要求在3个月内遵循固定的、低热量的地中海饮食模式。[19] 研究人员通过改变一天中的热量分配来评估健康指标的差异。第一组通过早餐摄入了70%的热量，而第二组通过早餐摄入了55%的热量。尽管两组的健康状况都有所改善，但相较于第二组，早餐吃得更多的第一组体重多减轻了25%，脂肪多减少了50%，腰围多减少了一英寸，胰岛素敏感性也得到了更大的改善。最后，一项全新的随机对照试验表明，尽管两组摄入的热量相同，但较早摄入热量的那组受试者，其每天的主观饥饿感和食欲较低。[20]

需要明确的是，我并不是说只要吃早餐就能解决问题。如果你习惯不吃早餐，午餐和晚餐都吃得比较丰盛，那么在早餐中加一份煎蛋卷和烤面包可能会增加或维持你一天的总热量摄入。[21]

结论：本章的核心主题是，将热量摄入的最大比例提前到一天中的早些时候，或者将进食时间优先安排在白天，会更符合我们的昼夜节律，并且能够对心血管和代谢健康以及减肥产生积极影响。因此，尽管你所摄入的食物总量和种类是影响心血管代谢风险以及体重增减的最终决定性因素，但我们不应忽视进食时间和与昼夜节律同步的饮食对整体健康的重要影响。这与我们昼夜节律中可能最重要的调节器——睡眠——密切相关。

睡眠的重要性

你上一次醒来时感觉神清气爽、精力充沛，不需要依赖咖啡因来度过一整天是什么时候？如果你很难回答这个问题，那么你并不是个例。虽然建议每晚睡眠时间为7~9小时，但约30%的成年人表示每晚睡眠时间不足6小时[22]；35%的美国人表示每晚睡眠时间不足7小时，近一半的美国人称每周有3到7天感到昏昏欲睡。与此同时，在英国，近四分之一的成年人每晚睡眠时间不超过5小时。在发达国家，近三分之二的成年人未能达到每晚8小时的建议睡眠时间。睡眠不足与美国十五大死因中的七种相关，包括心血管疾病、癌症、脑血管疾病、糖尿病、事故、败血症和高血压。[23]

我曾经认为，睡眠在健康中是一个完全独立的因素，就像我们的饮食选择和运动习惯一样。但事实上，人们越来越清楚地意识到，睡眠是我们健康和幸福的基础。如果没有质量良好的睡眠，我们的饮食和运动习惯都会受到严重影响。

规律且优质的睡眠是人体内生物钟的关键组成部分。如果睡眠质量不佳，就会干扰多种维持健康所需的内稳态机制。良好的睡眠有助于身体恢复，让我们在醒来时感到精力充沛，准备好迎接新的一天。不幸的是，全球范围内普遍存在睡眠不足的问题，以至于世界卫生组织宣布"失眠是全球流行病"。

睡眠通常是人们在时间紧张时最愿意放弃的事情之一。这种心态通常源自"拼命文化"，并体现在那些反复说着"等我死后再睡"的人身上。一种常见的心态是，睡觉是很奢侈的一件事，日常琐事或者工作应该优先于睡眠。可悲的是，人类是唯一会在没有正当理由的情况下故意剥夺自己睡眠的物种。我也犯过这样的错误。在写这本书的过程中，我心甘情愿地放弃宝贵的小憩时间，盯着笔记本电脑屏幕，绞尽脑汁地思考下一句话。这太糟糕了，对吧？或许此刻你也正在一个不合时宜的时间读着这段文字。

我们总是认为限制睡眠时间的好处大于代价。然而，许多睡眠不足的负面影响不易察觉，并且这些负面影响会随着时间的推移而不断累积。我们在本书中重点讨论的几乎所有慢性生活方式疾病，比如心血管疾病、2型糖尿病、肥胖症，甚至抑郁症和癌症，其发病风险都会因为睡眠不足而增加。我深信，获得充足的高质量睡眠对健康的重要性不亚于营养和运动。

多项大型人群研究表明，睡眠不足与心血管疾病发病风险的增加密切相关，有时风险增加高达200%！要理解为什么睡眠不足会增加我们患心血管疾病的风险[24]，可以将其视为一种代谢应激（metabolic stress），意思是当身体处于压力状态时，会引发炎症反应。多项研究表明，睡眠不足会导致人体血液中的炎症标志物增加。[25] 此外，睡眠不足还会导致葡萄糖耐量变差[26]，这意味着血糖水平较高的时间更长。更糟糕的是，高血压也是代谢应激引起的另一种身体反应。[27]

所有这些因素都会损害冠状动脉内膜，久而久之会导致钙化和斑块形成。当斑块在动脉内堆积时，流向心脏的血液就会减少；斑块甚至可能破裂并形成血栓，进而引发心脏病或脑卒中。这些过程都是心血管疾病的表现形式。

那么，睡眠不足是如何导致葡萄糖耐量变差的呢？体外研究表明，被强制剥夺睡眠、连续四天每晚只睡4.5小时的人，其细胞对胰岛素没有反应。[28] 这意味着他们的血糖会在较长时间内保持较高水平，这也是缺乏高质量睡眠会显著增加患2型糖尿病风险的原因之一。[29] 睡眠不足不仅会改变人体利用葡萄糖的能力，还会影响控制食欲及食物选择的各种激素和大脑中枢。

睡眠不足，体重增加：激素与饥饿感

最近，肥胖率急剧上升的原因引起了激烈的争论。虽然超加工食品消费量的增加和日常运动的减少确实是其中的重要因素，但它们并不是唯一的诱因。你知道睡眠长期不足6个小时会使肥胖风险增加55%吗？[30]要了解睡眠不足是如何导致体重增加的，让我们先来探讨一下当睡眠不足时，饥饿和饱腹激素会发生什么变化。

两种主要的饥饿激素是胃饥饿素和瘦素。胃饥饿素因其在即将进食前或者错过一餐时引发强烈的饥饿感而为人熟知。当胃饥饿素水平升高时，食欲也会随之增加。瘦素则在多种能量代谢过程中发挥作用，同时也传递饱腹感的信号。当瘦素水平较高时，它会抑制食欲，减弱进食的欲望。

睡眠不足会直接影响这些激素的水平。一项研究选取了一群体重正常的健康男性，并对他们进行了为期两晚的两组睡眠测试。[31]研究人员比较了10小时和4小时睡眠对代谢参数的影响，结果显示前一晚仅睡了4小时的受试者第二天的饥饿感显著增强。研究人员认为这是由于他们的瘦素水平（饱腹激素）大幅下降，同时胃饥饿素水平（饥饿激素）急剧上升所致。尽管两次摄入的食物量完全相同，却出现了这种情况。这些因单个（或连续）不眠之夜而产生的激素变化已得到多次验证。[32]

但是胃饥饿素和瘦素并不是睡眠不足影响的唯一激素。在有压力的情况下，哺乳动物的大脑会通过激活下丘脑—垂体—肾上腺（hypothalamic–pituitary–adrenal，HPA）轴来应对。这涉及身体的三个主要部分：位于大脑的下丘脑和垂体，以及位于肾脏顶部的肾上腺。这三者之间的相互作用控制着身体对压力的反应，并调节消化、免疫、情绪和能量利用等多种生理过程。这一点很重要，因为有证据表明，长期睡眠不足会扰乱生物应激反应。(33)这样的干扰会增加我们的食欲，尤其是对美味但不健康食物的渴望。此外，睡眠不足会刺激肾上腺产生皮质醇，而皮质醇基线水平较高是未来体重增加的有力预测指标。(34)

这些都是睡眠不足对我们产生的不利影响，这或许解释了为什么研究显示，人们缺乏睡眠时会比休息充分时多摄入近400千卡的热量。★(35)

提高睡眠质量的建议

· **制订有规律的运动计划。** 一项涵盖34项研究的Meta分析发现，

★ 关于睡眠和食欲激素的研究结果似乎并不一致。但我们确信，睡眠不足的人平均摄入的热量更多，并且感觉更加饿。这里的关键词是"感觉"。一项Meta分析研究了41项随机对照试验的数据。这些试验旨在研究健康成人在正常睡眠与睡眠受限情况下的代谢差异。研究结果显示，在睡眠受限的情况下，人们平均额外摄入了253千卡。此外，研究人员还发现，人们的主观饥饿感明显增加，体重增加，胰岛素敏感性降低，与食物奖励途径和认知控制有关的大脑活动增强。这表明，被我们归类为"美味"的超可口食物，如蛋糕和甜点，会更加令人愉悦和渴望。然而，令人惊讶的是，在该分析涉及的所有研究中，瘦素或胃饥饿素的平均水平并无显著差异。因此，尽管在主要食欲激素的变化方面似乎尚未达成共识，但除了大脑活动的变化之外，似乎还有其他因素会促使人们在睡眠不足时摄入更多食物。大多数健康类书籍都会得出这样的结论：睡眠会扰乱胃饥饿素和瘦素的食欲信号；然而事实是，迄今为止的研究还没有完全弄清楚这一点。也许还有其他激素变化在起作用。其他食欲激素，如肽YY、胰高血糖素样肽-1（GLP-1）、神经肽Y和胆囊收缩素，它们之间存在复杂的相互作用。同时，有证据表明，睡眠不足会激活内源性大麻素系统（endocannabinoid system），这一系统可能在调节食欲和食物摄入的享乐途径中发挥关键作用。因此，这些因素可能是未来研究的理想方向，用来确定究竟是什么原因导致主观饥饿感的急剧上升和热量摄入的增加。

定期运动（不要过于接近就寝时间）可以改善睡眠质量并延长睡眠时间。[36] 这种关系是双向的，也就是说，睡眠质量的改善也会对运动表现产生积极影响。这是一个双赢的局面！

- **养成良好的睡眠卫生习惯，帮助身体产生困意。** 这些习惯可能包括制订一个有规律的睡眠时间表（在相同的时间睡觉和起床）；保持房间凉爽（我们在凉爽的环境中睡眠更好）；进行睡前放松仪式（在睡前做两三件相同的事情，例如夜间洗漱、正念练习、阅读10分钟等）；避免在睡前30分钟玩手机。
- **早晨醒来后的30分钟内，让自己沐浴在阳光下。** 拉开窗帘，走到户外。日光引发的视觉刺激是调节我们昼夜节律的关键因素。如果缺少这一重要刺激，我们就不能期望有效调节所有其他与昼夜节律生物学相关的代谢过程。
- **避免临睡前吃大餐。** 摄入大量食物或液体可能会引起消化不良或迫使你在夜间上厕所。研究表明，这会对睡眠质量产生负面影响，因为身体会忙于消化食物，而无法专注于恢复和修复。[37]

夜班工作的危害

鉴于昼夜节律对人们的整体健康和幸福起着重要作用，而夜班工作者的睡眠模式往往会受到干扰，因此他们面临着本章提到的所

有慢性生活方式疾病的风险要比平均值高得多，这一点毫不意外。★

正如我们之前探讨过的，违背昼夜节律的进食方式会导致葡萄糖耐量降低、脂肪酸氧化减少、血脂增加和生物应激反应加剧，同时食物的热效应也会降低。作为一名医生，我亲身经历过夜班工作带来的压力和挑战。我知道对许多人来说这非常困难，但夜班工作者可以采取哪些措施来帮助减少健康风险呢？虽然没有很多研究直接测试不同的营养策略，用来帮助减少夜班工作中的干扰，但我们可以提出一些有科学依据的建议。

为了在夜班工作期间保持最佳的健康状态并提高幸福感，一个明智的做法是在夜间减少摄入富含碳水化合物和脂肪的食物，因为人体在黄昏时代谢这些营养物质的效率较低。相反，应注重摄入富含蛋白质的零食和餐食。尽量让自己的进食时间与白天的进食习惯保持一致，因为如果进食时间一致，食物的热效应就会得到改善。例如，如果你通常在晚上7点30分吃晚饭，早上7点30分吃早饭，那么即使你夜间工作的时间是晚上8点~早上8点，也要争取在这些时间段进食。在夜班的中间时段，你可以吃一些富含蛋白质的小点心，以保持精力充沛。此外，建议你避免在"危险时段"（夜间的中间时段，即凌晨1点~4点）进食，因为人体的代谢在这段时间内效率最低。

你还可以考虑在下班回家的路上使用防蓝光眼镜，以帮助调节身体的睡眠-觉醒周期（sleep - wake cycle）。这类眼镜可以防止某些

★ 最近，《英国医学杂志》（PMID：34473048）等期刊发表的几篇综述性文章指出，夜班工作者患多种疾病和癌症的风险增加，其中包括我们尚未讨论过的疾病，如心肌梗死（心脏病发作）和前列腺癌。

特定波长的光线进入眼睛，从而帮助你产生倦意并更快入睡。此外，最好在夜班后期避免摄入咖啡因，因为咖啡因的半衰期较长，可能会影响你在下班后获得高质量睡眠的能力。总之，这些方法都有助于减轻夜班工作对你的健康和幸福感的负面影响。

总之，时间营养学是一个令人振奋的新兴领域，它让我们进一步认识到根据昼夜节律安排进食时间的重要性。不仅我们摄入的食物类型在促进整体健康和降低患病风险中起着关键作用，进食时间似乎也扮演着重要角色。当然，我们的昼夜节律是围绕睡眠-觉醒周期构建的，因此请确保优先考虑睡眠质量。

要点回顾

1. **在早上和下午摄入一天中的大部分热量。** 这有助于改善代谢功能、促进整体活动、调节食欲、提高运动表现、减少夜间食欲并改善睡眠质量，所有这些都会降低患病风险。

2. **尝试坚持规律的进食计划，** 即每天的进食时间与进食频率都保持一致。这有助于形成规律的昼夜节律并发挥身体的最佳功能。

3. **避免在临睡前摄入高热量的大餐**（尤其是富含碳水化合物或脂肪的食物）。这些食物可能会对代谢过程产生负面影响，并间接影响你的睡眠质量。

4. 如果你是夜班工作者且需要在夜间进食,那么**请在"危险时段"(凌晨1点~4点)之外选择低热量、富含蛋白质的食物。**

5. **每晚睡7到9个小时。**这应该成为你的首要任务!良好的睡眠是所有健康支柱的基础,其重要性不言而喻。此外,充足的睡眠将帮助你控制饮食选择,间接促进体重管理。有关改善睡眠质量的一些重要提示,请参见第124页。

肠道微生物组：人类最好的朋友（们）

在探索了令人着迷的时间营养学领域之后，我们要踏上一段同样引人入胜的旅程：探索人体内的肠道微生物组。踏入这个领域后我们会发现，人体与时间的联系也会直接影响这个在消化道内蓬勃发展的复杂生态系统。

人体的肠道微生物组是一个由数万亿微生物组成的繁华都市，其中包括细菌、病毒、真菌和许多其他以人体消化系统为家的微生物。就像时间营养学中的生物钟一样，这些微生物群落与我们的饮食、生活方式甚至日常生活节奏互相影响。在本章中，我们将探讨这个微生物群落如何在消化、免疫功能甚至情绪方面发挥重要作用。通过揭示肠道微生物组与健康之间复杂的关系，我们将对营养的复杂性和相互关联性有更深入的理解。我们将了解精心呵护这些小小的居民如何对我们的健康和幸福产生深远影响，包括体重管理和整体的代谢健康。

每天，我们都与最好的朋友分享食物。她知道我们的好恶，和我们一起旅行，我们为她提供住处和食物，她与我们共同进化，离开她我们无法生存。我指的并不是家里的宠物，而是比家里的宠物小上百万倍、肉眼看不见的东西。我说的是微生物组：这些微生物属于原始的生命形态，它们太小以至于人们看不到摸不着，常常被错误地视为动物或脏衣服上的"污物"来源。实际上，它们遭受了极大误解。

在我们体内存在着数万亿个微生物，它们占到我们细胞总数的近四分之一。肠道是微生物的主要栖息地，其中的微生物重达5磅。[1]对许多人来说，一提到微生物组，他们往往会联想到被**大肠杆菌（E. coli）**污染的外卖食品和携带**沙门氏菌**（Salmonella）的生鸡肉，但微生物的影响远不止于此。长期以来，科学界认为微生物无足轻重，它们对我们的健康没有实质性影响。然而，这种观点是完全错误的。

在我们的口腔、肠道和皮肤中存在着一个由数万亿细菌组成的完整生态系统。这个存在于我们体内的扩展基因组正逐渐成为影响人类健康几乎所有方面的关键因素，从免疫力、脑功能到体重管理和心血管代谢健康。尽管我们对这一领域的研究还处于起步阶段，但我们已经知道饮食因素会显著影响肠道微生物组（gut microbiota）的组成和"健康"。[2]目前流行的"肠道健康"浪潮充斥着夸大其词和对低质量数据的不科学推断——从将益生菌吹捧为万能解决方案，到认为需要"清洁"肠道以获得最佳健康的观念。因此，在本章中，我们将分析已知的事实，揭穿一些关于肠道健康的常见误区，并评估微生物组对人类健康的作用以及饮食对这种关系的影响。

微生物组误区 No.1：益生菌补充剂可以解决肠道问题

随便走进一家超市，你可能会发现不少益生菌产品。这些产品声称含有有益细菌，可以解决你生活中的各种问题。益生菌被定义为对宿主有益的活细菌，常见的功效宣传包括缓解便秘、帮助减肥，甚至治疗抑郁症。随着过去十年益生菌的日益流行，消费者现在可以购买到含有益生菌的胶囊、药片、果汁、饮料、谷物、饼干、零食棒，甚至化妆品。

对基于微生物的治疗方法进行客观评估后发现，大多数健康宣传纯属炒作，没有证据表明胃肠道功能正常的人群可以从摄入益生菌中受益。不过，摄入益生菌对特定人群确实有一些益处：Cochrane（一个由专家组成的独立组织，负责严格评审医学研究）在2014年的一项综述中发现，益生菌对新生儿重症监护病房收治的患儿特别有效。[3] 在营养方案中引入有益菌似乎可以显著降低坏死性小肠结肠炎（necrotizing enterocolitis）的发病率。坏死性小肠结肠炎作为一种极具破坏性的肠道疾病，在医学界仍存在许多未知。这种通常可致命的疾病会导致肠道发炎和肠道组织坏死，多达三分之一的早产儿因这种疾病夭折。值得注意的是，益生菌对早产儿的效果更为显著。权威专家认为，这种疾病源于婴儿肠道发育过程中的机会性感染（opportunistic infection）。① 当肠道炎症过于严重时，肠道就会破裂，危险的微生物也会随之涌入腹腔。治疗方法包括通过手术切除

---

① 指正常情况下并不会致病的微生物，在机体免疫功能低下或微生态环境变化时，成为致病菌导致的感染。

坏死的肠道，并进行体内灭菌，同时通过静脉滴注提供抗生素和营养。然而，除非是早产儿，否则定期摄入益生菌对健康的益处可能并不显著。

不过，益生菌似乎也对一些肠易激综合征患者有益。一项针对十多项临床试验的综述发现，益生菌有助于缓解部分肠易激综合征患者的症状。[4] 例如，一项针对60名肠易激综合征患者的研究发现，其中47%的人在连续4周每天摄入特定益生菌后发现他们的症状有所改善。[5] 出现这种情况的原因尚不清楚，有人猜测益生菌能够抑制某些有害微生物的生长。然而，益生菌的有效性似乎因菌株而异，并且差异很大。此外，并非所有研究都发现了益处，而且许多试验存在样本量小或持续时间短等局限性。由于缺乏明确的证据，美国胃肠病学协会（American Gastroenterological Association）建议不要使用益生菌治疗大多数胃肠道疾病，包括肠易激综合征。该协会强调，虽然益生菌对健康人而言通常是安全的，但它们并非没有副作用，而且往往价格昂贵。因此，虽然肠易激综合征患者可以尝试益生菌，但重要的是要关注更全面的治疗策略，比如饮食调整、压力管理和必要的药物治疗。

商业化生产的益生菌通常效果不显著，因为制造商往往选择容易大量繁殖的细菌菌株，而不是那些适应人体肠道的菌株。典型的例子包括**双歧杆菌**或**乳酸菌**（存在于许多酸奶和药片中），其中许多菌株无法在强酸性的胃中存活。即使有些菌株能够在肠道中存活并繁殖，其数量也不足以显著改变人体内的细菌组成。人体肠道含有数以万亿计的细菌，而1颗典型的含有微生物的药片中只含有1亿~5亿个细菌（仅占我们肠道微生物的0.00001%）。

一组来自哥本哈根大学的科学家发表了一项Meta分析。该分析包括7项对照试验，旨在评估益生菌饼干、益生菌乳制品或益生菌胶囊是否会改变健康人群粪便样本中细菌的多样性。[6]他们对粪便中细菌的多样性、数量和分布进行了评估。仅有一项针对34名健康志愿者的研究显示，与安慰剂组相比，样本间的多样性有所变化。然而，即便如此，也没有迹象表明这种变化对健康产生了任何积极的影响。

结论：对于大多数的健康人群，益生菌的效果并不显著。摄入益生菌补充剂就好比往水瓶里滴入一滴热水，然后期望它开始冒蒸汽一样。益生菌对大多数人的肠道健康带来的益处微乎其微，但如果你患有肠易激综合征，那么含有某些特定菌株的益生菌产品可能会有所帮助。如果你确实想尝试益生菌，建议选择一种产品并持续使用几周，同时记录症状变化。商业化生产的益生菌补充剂可能带来的唯一影响，就是给你造成金钱上的损失。

如果你希望改善肠道的健康和功能，建议将药片、粉末和饮料替换为富含益生菌的食物。这些食物包括酸奶、牛奶、酸菜、酸面包、开菲尔以及奶酪等发酵食品。

微生物组误区No.2：你可能感染了寄生虫

是的，你没听错，现在有人在网上销售寄生虫排毒产品。一些人声称，我们大多数人的肠道里都寄生着活生生的虫子，它们是慢性病的罪魁祸首,也是所有疾病的元凶。我在网上看到的一些健康声明荒谬至极,觉得没有必要讨论它们。但尽管寄生虫这个说法很荒谬,我仍想简要地讨论一下。

寄生虫是依靠其"宿主"生存的生物。寄生虫感染的主要传播源包括热带气候、不良卫生习惯、缺乏清洁水源以及受污染的食物、土壤和血液。一些寄生虫感染可能是无症状的,比如**克氏锥虫**(Trypanosoma cruzi)感染,95%的感染者在急性期不会出现患病迹象[7],但如果你的肠道中有寄生虫,那么你很可能会感到极度不适。我指的是腹痛、体重迅速减轻、呕吐、恶心、腹胀,甚至肛门出血或排出黏液。[8] 如果你出现这些症状,并担心自己感染了寄生虫,请立即去医院。

结论: 如果你在家里还能上网浏览那些声称你被寄生虫感染的视频……那么实际上你并没有被寄生虫感染。

微生物组误区 No.3:食物敏感性测试是有用的

你可能已经听说过在社交媒体上流传的"食物敏感性测试(food sensitivity tests)",这些测试由多家不同的"健康诊所"推广。相关"健康诊所"会要求你提供一份血液样本,然后将样本置于试管中与来自不同食物的各种蛋白质接触,以检测其中的免疫球蛋白G(IgG)抗体水平。理论上,如果某种食物引发的IgG抗体水平较高,就说明你对这种食物的敏感性较高,可能对它有不耐受的情况。

这种方法存在明显缺陷，因为无论你摄入何种食物，你的身体都会对该食物产生免疫反应。这是一种自然的生理反应，因为食物是进入我们肠道的外来物质，我们会产生针对该食物的免疫球蛋白（或抗体）。血液中的IgG是耐受的标志，而非不耐受的标志。[9]此外，这些IgG测试并不可靠，因为它们无法反映免疫反应的严重程度。有些人可能对某些食物的抗体水平很高，却没有症状；而另一些人抗体水平不高，却可能出现严重的反应。另外，这些IgG测试并未经过临床试验来验证其有效性。有些人可能因为避免摄入一些"触发"食物（在这些测试中显示阳性的食物）而感到身体状况改善，但原因仅仅是这些食物通常富含FODMAP（我们将在"肠易激综合征"一节中解释这一概念）。此外，肠易激综合征的高发率足以误导一些人相信错误的观察结果。

粪便微生物组样本分析（你寄送一些粪便进行分析，以获取微生物组构成的即时检测数据）存在一样的情况。这正是问题所在：这种分析仅提供了一个时间点上少量细菌的即时状态，不足以作为调整饮食或改变生活方式的依据。你可能认为，在专业医生或营养师的帮助下，或许可以根据这些检测结果试着进行一些饮食调整，但实际效果值得怀疑。除此之外，这些结果毫无用处，且言过其实。

结论：你在网上看到的食物敏感性测试，包括IgG血液测试和粪便样本测试，基本上没有什么意义。医生可以安排更专业的医学测试来确定个别不耐受情况，例如通过果糖或乳糖呼气测试，但识别食物不耐受的最有效方法是在医疗团队的监督下进行排除饮食和激发试验。

微生物组误区 No.4：人工甜味剂会损害肠道

人工或非营养性甜味剂（non-nutritive sweeteners，NNS），如阿斯巴甜、蔗糖素和安赛蜜及其对健康的影响，是当今健康领域最具争议的话题之一。关于它们导致肥胖（在减肥章节中讨论过）、糖尿病（由于对葡萄糖不耐受）、心脏病甚至癌症的"错误"言论仍然层出不穷。然而，近年来最激烈的争议之一是它们对肠道菌群的影响，其中一些研究还引起了人们的恐慌。

要理解这些甜味剂如何影响肠道，我们首先必须了解它们在人体内的代谢机制。例如，阿斯巴甜被分解成天冬氨酸、苯丙氨酸和甲醇，这些分解产物在到达大肠之前就已被迅速吸收，因此基本上无法对肠道微生物组造成伤害。[10]至于其他甜味剂，如蔗糖素或糖精，确实可以到达大肠，但迄今为止的研究并没有发现任何令人担忧的迹象。尽管动物研究表明，这些甜味剂在代谢过程中并非完全处于惰性状态，但我们也应保持客观，认识到在啮齿动物研究中观察到的效应不能直接应用于人类。

那么，人类研究数据表明了什么？总体上，人类研究证据并没有显示出需要特别关注的问题。[11]如果你认为人工甜味剂会"伤害"或改变微生物组，那么需要具体说明这种改变带来的负面影响是什么。是增加患糖尿病的风险、癌症，还是心脏病？对数十项对照和观察性人体试验进行的Meta分析表明，人工甜味剂对血糖控制、体重管理、肝脏健康或癌症风险并无负面影响。[12]实际上，关于这些人工甜味剂，我们已经积累了40年的科学数据，尤其是阿斯巴甜，它是迄今为止被研究最多的食品添加剂之一。来自世界各地主要卫生机构的科学共识仍然是，像阿斯巴甜这样的人工甜味剂对人类来说是安全的，每日可接受摄入量为40mg/kg——相当于一个体重70千克的成年人一生中每天摄入14杯无糖饮料。

结论：虽然**有些**人可能对**某些**人工甜味剂存在敏感反应，但这种情况在几乎所有食物或饮料中都可能发生，并不代表这些甜味剂会对肠道造成损害。研究表明，常见的人工甜味剂对人体来说是完全安全的，并且是添加糖的良好替代品。

前世最好的朋友

现在我们已经揭穿了关于肠道健康的一些最普遍的误区，接下来让我们深入探讨微生物组的科学奥秘。你是否知道，我们与微生物的接触其实在出生之前就已经开始了？在那个时候，我们体内微生物组的构成已经在一定程度上被决定了。尽管长期以来，人们认为子宫内的环境是无菌且洁净的，但实际上，胎儿不仅吞食了充满细菌的羊水，甚至还摄入了自己的排泄物——胎粪。[13]

在子宫内自由游动的微生物通常难以穿越唾液的海洋，因为唾液会将它们冲走，同时它们也难以在胃部的强酸性环境中存活。然而，仍有少数幸运的探险者能够进入肠道，并在那里建立它们的新家园。此外，分娩方式对婴儿早期的微生物组构成有显著影响。在阴道分娩过程中，婴儿的头部、眼睛、嘴巴和耳朵会首先接触到微生物，因为这些部位在通过母亲柔软的阴道壁时，会与那里温暖湿润的黏膜层中等待跳跃的微生物相遇。紧接着，由于婴儿与母体的密切接触以及身体括约肌的压力，婴儿的脸部和手部可能会沾染到一些来自尿液和粪便的微生物。最后，婴儿身体的其余部分在与母亲腿部皮肤的摩擦中，也会沾染上不同的微生物。

这些事件促成了一种通常稳定的微生物群落结构，其中**乳酸杆菌和普雷沃菌属**尤为丰富，这与阴道内的微生物组成相一致。[14] 相反，通过剖宫产出生的婴儿则含有较高比例的**金黄色葡萄球菌**，这是因为婴儿从母亲腹中被取出时，皮肤上普遍存在这种细菌。一些有趣的研究表明，剖宫产的婴儿更容易患哮喘、乳糜泻和1型糖尿病。[15] 这与"卫生假说"相吻合，该假说认为在儿童时期接触某些病原体和感染有助于免疫系统发育，从而降低患过敏性疾病和自身免疫性疾病的风险。[16] 似乎，婴儿在经历阴道分娩过程中通过"脏乱"且带有微生物的阴道壁所受到的挤压，确实发挥着非常实际的作用。然而，想要验证分娩方式与过敏性疾病之间的联系却极为复杂，因为从儿童早期的复杂影响因素中单独分离出某一次暴露的影响几乎是不可能的。

婴儿时期的喂养方式也会对肠道中微生物的组成产生影响。接受母乳喂养的婴儿体内双歧杆菌数量较多。这些细菌能有效分解母乳中的糖分，具有抗炎作用，并有助于增强肠道屏障功能。[17] 相比之下，接受配方奶喂养的婴儿体内促炎的变形菌门（Proteobacteria）数量较多。因此，一些经过精心设计的干预措施显示，在配方奶中添加母乳低聚糖（一种糖类物质），可以积极影响微生物组，减少感染风险，并且降低炎症生物标志物的水平。[18]

以上就是为什么说尽可能以自然方式分娩和喂养对孩子的长期健康更有利的部分原因。当你读到这些文字时，显然这些能够改变微生物组的事件已经对我们产生了影响，现在我们无法做出太多改变。然而，我们将剖析那些令人信服的证据，它们揭示了我们能够改变的因素，比如饮食习惯，对我们的微生物组成和长期肠道健康起着关键作用。

微生物组与肥胖

到目前为止，你已经意识到肥胖并不仅仅是因为摄入过多或缺乏运动，而是一种多因素交织的复杂疾病。尽管进行了几十年的研究，我们仍未完全弄清楚导致当前这种流行病的所有因素。然而，有一个研究领域正在逐步揭示肥胖流行的成因，那就是肠道微生物组——栖息在我们消化道中的数以万亿计的微生物。

尽管我们早已知道这些微小生物能够帮助我们分解食物并吸收营养，但当前技术的发展使我们能够更深入地了解它们在体重增加中扮演的角色。这些发现令人着迷。事实证明，肠道微生物组对我们从食物中获取能量的效率、炎症反应以及脂肪组织的成分都有着显著的影响。然而，需要注意的是，肠道细菌与体重增加之间的关系并非单向作用。虽然肠道微生物组的变化确实会加剧超重的不良影响，但有证据表明，饮食的变化才是引发这些微生物组变化的首要因素。一些"肠道专家"可能会急于将肥胖的流行归咎于肠道细菌，但真相要复杂得多。通过继续探索微生物组与我们身体之间错综复杂的相互作用，或许有一天我们能够找到解决这一普遍健康问题的关键。

肥胖者和非肥胖者在微生物组成上存在明显差异。例如，肥胖的人往往厚壁菌门（Firmicutes）细菌数量增加，而拟杆菌门（Bacteroidetes）细菌数量减少。[19]当人们的体重减轻时，这些特定细菌种类的差异会发生变化，这意味着我们体内的微生物组会根据我们的身体形态而不断变化。[20]厚壁菌门细菌与较低的静息能量消耗有关，而低水平的拟杆菌门细菌则与体脂率增加有关。[21]有趣的是，对啮齿动物的研究表明，将拟杆菌属中的多形拟杆菌（B.thetaiotaomicron）引入正常饮食的小鼠体内，不仅可以显著减少它们的总脂肪含量，还可以预防高脂饮食下的小鼠体重增加。[22]目前的证据表明，西方饮食模式正引起微生物组的改变，而这种改变可能会增加人们从食物中获取的能量。这表现在与能量提取有关的酶活性增加。[23]简单地说，与采用其他饮食方式的人相比，西方饮食方式引起的肠道细菌改变可能导致人们从相同的一餐中**摄入更多的热量**。这意味着随着时间的推移，采用西方饮食方式的人群更容易长胖。

肠道微生物组的另一个重要功能是改变胆汁酸信号，并产生独特的胆汁酸谱。[24]5%~10%的胆汁酸通过厌氧肠道微生物（拟杆菌属、真杆菌属和梭菌属）进行生物转化，其余的则随粪便排出。胆汁酸代谢的变化可能会增加体内甘油三酯的合成和脂质（脂肪）的储存。

虽然这些机制令人着迷，但需要注意的是，上述大多数通路来自动物研究,并且体重正常者和肥胖者在微生物组的构成上存在很大的个体差异。人类微生物组计划(Human Microbiome Project)和人类肠道宏基因组计划(Meta-HIT)调查了体重正常的成年人和肥胖的成年人,发现他们的粪便中微生物组的构成表现出很大的个体差异。[25]因此,尽管肥胖的成年人与体重正常的成年人体内某些特定微生物存在一些共性,但并不存在明显属于肥胖人群的微生物"特征"。

当我们从更宽广的视角来审视微生物组与肥胖之间的关系时,可以得出一个更精确的结论:我们的饮食(以及长期过量摄入热量)会导致肠道微生物组发生变化,从而加剧体重增加带来的负面影响。因为这些细菌可以从相同的食物中摄取更多能量,增加体内脂肪的储存量。考虑到这一点,注重摄入益生元纤维(食物中能为有益细菌提供营养并促进其生长的化合物)将有助于阻止这些有害机制。因为,益生元纤维能够促进双歧杆菌等有益细菌的生长,产生对健康有益的短链脂肪酸,同时还能减少我们从食物中吸收的能量。益生元纤维存在于多种天然食物中,比如大蒜、未成熟的香蕉、苹果、小麦、大麦、黄豆、燕麦、洋葱和韭菜。

肠道如何影响心脏代谢健康

当我们继续探索迷人的肠道健康世界时,有必要稍微转换视角,来研究一下"肠道—心脏—糖"轴。是的,我刚刚创造了这个词,但请听我说完！虽然我们的微生物组与心脏代谢疾病之间的确切联系仍在研究中，但不可否认的是，肠道对我们的心脏和血糖水平具有潜在的影响。肠道在我们的整体健康中起着至关重要的作用，其中一项能力就是调节胆固醇平衡。[26]当我们通过饮食摄入胆固醇时，肠道负责吸收它。[27]有趣的是，我们的微生物组实际上可以影响血脂的组成，这直接关系到冠状动脉疾病的发展。例如，某些肠道细菌，如罗伊氏乳杆菌（Lactobacillus reuteri），与较高水平的"好"胆固醇，即高密度脂蛋白（HDL）胆固醇有关，而其他细菌，如迟缓埃格特菌（Eggerthella），则与较低水平的高密度脂蛋白胆固醇有关。[28]这还不是全部。肠道的慢性炎症也与动脉粥样硬化有关，这是一种免疫细胞引发动脉炎症反应的过程。然而，研究表明，某些炎症细胞因子，如白细胞介素-22，可以帮助保护肠道内壁并减少全身炎症。

有一种通过肠道机制减少心血管疾病和代谢疾病的营养素是可溶性纤维。研究表明，燕麦、豌豆、黄豆、苹果和柑橘类水果等食物中可溶性和黏性较高的纤维，有助于延迟胃排空时间、减慢消化速度并附着在肠道内壁，从而减少对大量营养素的吸收。可溶性纤维的这些特性有助于降低餐后血糖水平和胰岛素水平。[29]此外，纤维还能促进生长激素的分泌和产生短链脂肪酸的有益细菌的生长，短链脂肪酸对心脏和肝脏的新陈代谢有多种益处。纤维在控制总热量摄入方面也发挥着关键作用，其食物热效应仅次于蛋白质。[30]正是由于这些机制，涵盖数百项观察性研究和对照研究的新Meta分析表明，摄入纤维可以降低血压、空腹血糖和低密度脂蛋白胆固醇水平，所有这些都是导致心脏代谢疾病的关键因素。[31]这进一步凸显了每天摄入多种不同类型纤维的重要性。

肠道-脑轴

随着医学的不断进步和专业化程度的提高，我不禁反思，我们是如何逐渐忽略了对整体健康的关注，仅凭某个器官的异常来诊断个体的问题，并基于这一特定器官治疗个体。这种做法揭示了医疗体系的一个根本性弱点，即将识别身体各系统相互联系的责任过度集中在全科医生身上①。确实，与18世纪的冷水浴和镣铐②相比，我们已经取得了长足进展；200年前，"精神错乱"被认为是一种邪恶的状态，精神病患者会被关进监狱。问题是，我们越来越关注精神疾病的情绪和思维过程（这是一件好事），却忽略了身体的其他部分也参与其中。

历史学家伊恩·米勒（Ian Miller）提醒我们，19世纪的医学界认识到我们的肠胃与心智之间存在着深刻的联系，并将这种联系称为"神经共鸣（nervous sympathy）"。[32] 如今，关于肠道-脑轴的研究蓬勃发展，揭示了肠道、中枢神经系统和行为之间的相互关系——主要是由微生物组对情绪健康的影响控制的。肠道健康对情绪健康的影响曾经被视为惊人的发现，现在已被广泛接受，这标志着医学领域中一个范式③的转变。"精神益生菌（psychobiotics）"的出现——作用于肠道-脑轴的有益菌，有时具有抗抑郁效果——强

---

① 在英国，全科医生不仅在患者首次就诊时提供专业的诊断和治疗，还负责对各种医疗状况进行持续的护理和跟踪，这种服务不受特定病因、器官系统或诊断的限制。
② 让精神病患者洗冷水浴或者给精神病患者戴上镣铐是18世纪治疗精神疾病的方式。
③ 指科学群体的共同态度、信念及其所公认的"理论模型"或"研究框架"。

调了这一新的观点。当今的西方社会正饱受心理健康和肠道问题的双重困扰,因此我们再也不能忽视它们之间的相互作用。在本节中,我们将深入探讨肠道-脑轴的复杂性及其对健康的影响。

当我们认识到肠道与大脑神秘的沟通能力时,如果认为肠道对我们的精神状态不起重要作用,这个结论无疑是不合逻辑的。近期大量的研究表明,肠道微生物组不仅在我们的身体健康中发挥着重要作用,还在肠道与大脑的联系中扮演着重要角色。[33]30年前进行的一项非常有影响力的试验,首次证明改变肠道细菌组成可以改变我们的精神功能。研究人员在一些肝性脑病(一种严重的肝病,会导致血液和大脑中的毒素积聚,引起谵妄和精神错乱)患者身上进行了测试。这里主要关注的毒素是氨,它是由有害细菌产生的。患者服用了一种特殊的口服抗生素,通过减少结肠中产生氨的细菌数量,降低了血液中的毒素水平,并改善了谵妄症状。这些发现意义重大。改变肠道细菌可以改善我们的精神功能的假设也多次在啮齿类动物试验中得到了证明。在实验中,研究人员给一群胆小的小鼠注射了抗生素混合物,从而完全改变了它们的行为,使它们变得大胆并愿意冒险。[34]

虽然关于人类肠道-脑轴的研究大多仍处于初期阶段,但已有证据表明微生物组有可能影响压力、焦虑、抑郁,甚至自闭症谱系障碍(autism spectrum disorder)等神经系统疾病。一项2011年的研究发现,益生菌通过改善焦虑、抑郁、压力和皮质醇水平,显著减轻了心理困扰。[35]这可能是由于益生菌引入的某些肠道细菌产生的短链脂肪酸对减少炎症和维护大脑健康至关重要。令人兴奋的是,还有研究表明,肠道内产生的短链脂肪酸能够促进脑源性神经营养因子（brain-derived neurotrophic factor，BDNF）的生成，这是一种与记忆和情绪相关的必需蛋白质，还有助于缓解神经炎症。(36)

肠道微生物组的失衡，即肠道菌群失调，会影响色氨酸的代谢，而色氨酸是血清素的前体①氨基酸。负责代谢色氨酸的吲哚胺2,3-二氧化酶（IDO）的高活性会导致血清素的生成减少。此外，这一代谢途径与肠易激综合征、抑郁症等多种疾病有关。(37)研究还表明，肠道细菌的改变与自闭症和帕金森病等疾病有关，其中有害细菌的增多与症状的严重程度呈正相关。(38)

尽管目前关于肠道-脑轴的大多数研究还处于初步阶段，但有一种干预措施已被证明在调节压力方面是有效的，那就是摄入添加益生菌的发酵乳。一些研究发现，摄入这类添加益生菌的发酵乳会引起功能性磁共振成像（fMRI）扫描的变化，从而提高处理情绪的能力。(39)然而，这并不意味着所有人都应该立即开始摄入益生菌。正如之前所提到的，实际情况比这更复杂。迄今为止，最有力的证据表明，改变肠道细菌可以改善焦虑、压力、抑郁，并通过增加产生短链脂肪酸的细菌来改善各种脑部疾病的症状，从而减少神经炎症。问题在于，任何对肠道微生物组与心理健康之间的联系做出自信断言或提供规范性建议的人，基本上都是在胡说八道。

---

① 前体是指在代谢过程中位于某一个化合物的一个代谢步骤或几个代谢步骤之前的一种化合物。

炎症性肠病

炎症性肠病（IBD）是一种常见的慢性免疫介导性疾病，会影响胃肠道的正常功能。截至 2015 年，美国有 300 多万成年人（占人口的 1.3%）被诊断患有炎症性肠病。炎症性肠病包括两种亚型：溃疡性结肠炎（Ulcerative colitis）和克罗恩病（Crohn's disease）。尽管目前尚不清楚炎症性肠病的确切病因，但遗传、环境因素和微生物组的改变都可能与此有关。

典型的西方饮食可能会通过多种机制增加炎症性肠病和结直肠癌的发病风险。对照人体试验表明，摄入以动物为基础的高饱和脂肪和缺乏纤维的饮食能够迅速改变肠道微生物的组成。[40]在一项研究中，研究人员对比了两种饮食：一种是富含谷物、豆类、水果和蔬菜的植物性饮食；另一种则是由肉类、鸡蛋和奶酪组成的动物性饮食。研究发现，动物性饮食增加了耐胆汁微生物（如嗜胆菌和拟杆菌）的数量，并降低了有益的厚壁菌门的水平。嗜胆菌活性的增强可能导致促炎性细菌种类和含氮代谢物的产生，而这些因素共同作用可能诱发肠道炎症和癌细胞的生长。[41]

以下两种关键营养素可以改善肠道微生物组的组成，对炎症性肠病患者产生积极影响。

- Omega-3 脂肪酸可以通过帮助稳定病情来提高炎症性肠病患者的生活质量。研究发现，易患肠道炎症（结肠炎）并摄入高脂肪饮食的小鼠，在喂食鱼油后，减少了有害细菌沃氏嗜胆菌

（B.wadsworthia）的生长，降低了患结肠炎的可能性。[42]一项对83项人体随机对照试验进行的最全面的Meta分析，专门研究了多不饱和脂肪对炎症性肠病的影响，发现Omega-3可以降低炎症性肠病复发和症状恶化的风险，但并未显著改变全身炎症标志物。[43]

- **维生素D**或许更值得关注，针对克罗恩病患者的试验表明，血浆中维生素D水平每增加1ng/mL，结直肠癌的发病风险可降低8%。[44]每天补充1200国际单位的维生素D_3并持续一年，可以将复发风险从29%降至13%；而每天补充10000国际单位的高剂量维生素D，似乎能进一步降低复发风险。[45]这是由于维生素D能够增强抗菌活性（例如促进巨噬细胞杀死大肠杆菌），保持肠道内壁的完整性并防止细菌种类发生有害变化，从而抑制炎症过程。[46]根据个人的维生素D基线水平，每天补充2000~10000国际单位的维生素D，使血浆中维生素D的含量超过50ng/mL，似乎有助于控制炎症性肠病并改善肠道功能。但是，如果炎症性肠病突然发作，你应该怎么做呢？

当我定期在普通外科病房工作时，经常会遇到炎症性肠病发作的情况。我记得一位名叫亚历克西斯（Alexis）的年轻溃疡性结肠炎患者。他发着烧，疼痛难忍，沮丧之情溢于言表。由于在短时间内多次复发，他坚决要求进行直肠结肠切除术，哪怕这意味着他余生都必须使用造瘘袋。

亚历克西斯的问题在于他的饮食习惯。每当病情发作，他便暂时停止摄入纤维含量高、添加了香料或口味较重的食物，这可以帮他缓解疼痛。一旦症状有所缓解,他就会立即恢复高纤维饮食,结果导致疼痛加剧、病情复发。这一循环提出了一个重要问题:为何普遍认为能促进肠道健康的高纤维食物,会加重他的病情?答案在于微生物组的复杂性。突然摄入高纤维食物会加剧肠道微生物组的失衡和炎症性肠病的症状,但长期摄入高纤维食物实际上可以降低炎症性肠病的复发率和发病风险。[47]一项对8项研究的分析甚至显示,每天的纤维摄入量每增加10克,克罗恩病的发病风险就会降低13%。[48]另一项研究对高纤维饮食与发酵食品进行了为期十周的对比分析。[49]有趣的是,发酵食品组的参与者表现出炎症蛋白减少、肠道微生物多样性增加以及免疫细胞活性降低。与此同时,一些采用高纤维饮食的人却经历了炎症加剧。这表明在肠道未做好准备的情况下摄入大量纤维可能并无益处。逐渐增加纤维摄入量,或许再搭配能促进纤维分解、含有微生物的发酵食品,可能更有帮助。虽然避免纤维摄入能缓解炎症性肠病的发作和其他有肠道问题的患者的病情,但这不应该被视为长期的解决方案。虽然许多人认为动物性饮食可以解决肠道问题,但这种观点往往忽视了由此导致的肠道内微生物多样性下降和长期的健康问题。

确保摄入足够的Omega-3脂肪酸、接受阳光照射以及通过饮食和补充剂摄入维生素D都有助于控制炎症性肠病的复发并促进肠道健康。在炎症性肠病发作后,你可能需要暂时避免摄入纤维和香料,然后逐渐重新摄入纤维食物。在随后的几周里,可尝试每天摄入一份水果、谷物、蔬菜或豆类,然后每隔几天慢慢增加纤维的摄入量,让身体有时间适应这些纤维食物。这样一来,有益细菌群就可以生长到足够数量,然后充分分解这些纤维,为肠道和身体产生有益健康的代谢物。这将降低炎症性肠病复发的风险,使身体能够适应各类食物,改善与炎症性肠病相关的症状,并利用丰富多样的肠道微生物来促进整体的代谢健康。

接下来,我们将深入讨论肠易激综合征,并探索应对这一疾病的最有效策略。

肠易激综合征

肠易激综合征是一种极其常见的疾病,表现为腹胀、腹痛、腹泻或便秘(或两者交替出现)。据估计,全球有9%~23%的人口受到这种疾病的影响。[50]尽管肠易激综合征的病因尚不明确,但从历史上看,它作为一种病症,自150多年前就已经被医学界所认识。1849年,科学家威廉·卡明(William Cumming)记录道:"一个人的肠道有时会便秘,有时又会腹泻。这种疾病怎么会表现出两种截然不同的症状,我却无法解释。"[51]

许多因素都可能导致肠易激综合征,包括轻微的肠道炎症、肠道蠕动异常、感染后的反应、压力或焦虑引发的肠脑相互作用、食物不耐受和细菌异常增多。[52]你是否因为某件事而感到极度紧张,比如面试、约会或体育比赛,然后突然出现了严重的腹泻?是的,这就是肠道-脑轴的作用。

治疗肠易激综合征涉及多个方面,需要根据患者的病史和检查结果制订个性化的治疗方案,包括饮食建议和药物治疗,来应对不同类型的肠易激综合征,此外,还需要缓解患者的压力或焦虑。典型的饮食建议包括促进营养均衡,同时减少高脂肪食物、酒精、咖啡因等刺激物的摄入,以及控制香料的使用。

有一种营养策略对75%以上的肠易激综合征患者有效,即低FODMAP饮食。FODMAP是"可发酵的寡糖(Fermentable Oligo-)、二糖(Di-)、单糖(Monosaccharides)和多元醇(Polyols)"的缩写,这些都是特定类型的碳水化合物。许多有消化系统症状的患者发现,这些碳水化合物似乎会诱发他们的症状,因为它们会导致更多的液体进入肠道。由于其特性,这些碳水化合物在肠道中更容易发酵,而液体和气体的结合会减缓消化速度,进而导致疼痛、腹胀或腹泻。因此,一项涵盖12项对照试验的Meta分析显示,遵循低FODMAP饮食可显著减轻胃肠道症状,并提高生活质量。[53]

目前,美国胃肠病学会(American College of Gastroenterology)和英国饮食学会(British Dietetic Association)等专业机构建议将低FODMAP饮食作为肠易激综合征的一线和二线治疗方案。[54]然而,要想准确识别诱发症状的具体食物有时需要经历漫长的试错过程。起初,这可能会让人感到不安,但我们的目标并不是要完全限制这些食物,而是要找出那些会诱发症状的食物并将其从饮食中剔除,然后逐步重新引入饮食中。通常,找出诱发症状的食物需要经过以下三个步骤。

1. **排除阶段**:停止摄入所有FODMAP碳水化合物数周。你的症状可能会立即改善,也可能在几周内改善。如果症状在6到8周内成功减轻,便可以继续进行下一步。
2. **重新引入阶段**:每次引入一种FODMAP食物,目的是确定哪些食物是你能耐受的，以及你对这些食物的耐受量是多少。
3. **个性化阶段**：你需要根据第2步中所了解的信息来调整饮食，增加饮食的多样性，同时调整FODMAP碳水化合物的种类和摄入量。

最初应避免摄入的高FODMAP碳水化合物

- **果糖**：水果（特别是苹果、杧果、梨、西瓜）、蜂蜜、高果糖玉米糖浆、龙舌兰
- **乳糖**：乳制品（牛奶、山羊奶或绵羊奶）、蛋奶冻、酸奶、冰激凌
- **果聚糖**：黑麦和小麦、芦笋、西蓝花、卷心菜、洋葱、大蒜
- **半乳聚糖**：豆类，如黄豆、小扁豆、鹰嘴豆
- **多元醇**：糖醇和带核或有籽的水果（苹果、杏、鳄梨、樱桃、无花果、桃子、梨和李子）

以上这些食物可按照第2步逐一重新引入。

可摄入的低FODMAP食物

- **水果**：香蕉、蓝莓、葡萄柚、猕猴桃、柠檬、青柠、橙子、草莓
- **乳制品**：杏仁奶、无乳糖牛奶、椰奶、无乳糖酸奶和硬奶酪（如熟化切达干酪或帕尔马干酪）
- **蔬菜**：豆芽、胡萝卜、细香葱、黄瓜、姜、生菜、土豆、欧洲

防风草、芜菁、葱、白菜

- **蛋白质：** 牛肉、猪肉、鸡肉、鱼、鸡蛋、豆腐
- **坚果/种子：** 杏仁、花生、松子和核桃（每种不超过15粒）
- **谷物：** 燕麦、燕麦麸、无麸意大利面、白米、藜麦、玉米粉和米糠

除了特定的碳水化合物外，脂肪摄入量与排便次数和腹泻增加之间存在正相关关系。另一方面，可溶性纤维有助于改善肠易激综合征的症状和便秘。[55]

总之，有效治疗肠易激综合征需要关注生活方式的各个方面，包括压力和焦虑管理、识别不耐受的食物和诱发因素、养成规律的锻炼习惯以及努力培养健康的肠道微生物组。一个良好的开始是限制高FODMAP食物的摄入，优先选择低FODMAP食物。这样做的目的是找出诱发症状的食物，并逐渐将其余食物重新引入饮食中。

纤维和微生物组

由于纤维是改善肠道健康的一个重要组成部分，因此我想简要介绍一下纤维的实际含义，并概述它在肠道微生物组中的主要作用及其对人体健康的重要性。纤维是一种人体无法分解的碳水化合物，因此会通过肠道进入大肠。它天然存在于植物性食物中，比如全谷物、豆类、坚果、种子、水果和蔬菜，并且有时也会被添加到食品和饮料中。"纤维"是数百种不同类型纤维的总称，每种纤维都具有

三种主要特征,但这些特征在每种纤维中的比例各不相同:

- **可溶性:** 它能够将水分引入肠道,帮助软化粪便,并有助于调节代谢健康。
- **黏性:** 它能够使食物膨胀并形成浓稠的胶状物质,这有助于减缓消化速度,增加饱腹感,并对代谢健康有益。
- **可发酵性:** 它能够滋养有益细菌并促进其生长。

重要的是要注意,并非所有的纤维都具有相同的特性。例如,尽管洋车前籽壳(洋车前的种子壳)和菊粉(存在于大蒜、龙舌兰、香蕉和洋葱中)都属于"可溶性纤维",但它们在外观和功能上存在显著差异。洋车前籽壳呈颗粒状,能形成浓稠的凝胶,并且不易被肠道内分解纤维的细菌分解,但确实有助于改善肠道功能。而菊粉则能溶于水,没有黏性,可作为肠道细菌的肥料,起到益生元的作用。因此,将纤维分为可溶性和不可溶性的传统方法,已不能有效地对纤维进行有意义的分类。

在治疗某些疾病时,纤维特性之间的细微差别就会变得非常重要。车前籽壳对治疗便秘特别有效(因为它可以作为一种促进肠道健康蠕动的膨胀剂)[56],而菊粉可能会加重便秘(因为菊粉会在肠道内发酵)。[57] 当肠道微生物分解菊粉时,会释放气体和酸性副产物。当这些物质作用于我们的肠神经系统时,可能会引起不适、腹胀和疼痛。对大多数人而言,每周定期摄入各种植物纤维就足够了。但我们必须意识到,针对某些疾病和症状,需要采取个性化的治疗策略。

间歇性禁食与微生物

许多环境因素和遗传因素都会对肠道微生物组产生影响，目前一个日益受到重视的研究领域是间歇性或周期性禁食。研究表明，间歇性禁食对肥胖、代谢、心血管和神经退行性疾病有积极影响。此外，最近的证据表明，禁食和进食模式对新陈代谢的影响可能与肠道细菌种类的变化密切相关。

最近对31项涵盖动物和人类的研究进行的系统综述发现，间歇性禁食（包括斋月禁食）能够增加有益细菌的种类，比如**乳酸杆菌**和**双歧杆菌**。[58]这些积极的适应性变化背后有多种机制。禁食引起的肠道微生物组的变化，已被证实可以将白色脂肪组织转化为代谢活性更高的棕色脂肪组织，从而增加能量消耗。[59]此外，间歇性禁食还为肠道中的微生物发酵提供了充足的时间，反过来又增加了有益的副产物，包括之前提到的短链脂肪酸。我们已经确定减重会对细菌种类产生积极影响，而间歇性禁食作为实现热量限制的一种方法，也有助于改善全身和肠道特异性炎症——尽管目前还难以确定这些益处中有多少归因于热量限制，还是禁食本身具有固有的益处。

问题的核心

关于肠道微生物组如何影响健康的科学研究仍处于起步阶段。

肠道极其复杂，而且由于个体之间存在巨大差异（每个人体内都有数万亿个微生物），因此很难给出对所有人都适用的建议。尽管如此，从最广泛的角度来看，我们确实确定了一些关键的营养原则，并且这些原则已被证实有助于增加对健康有益的细菌种类。

要点回顾

1. **饮食多样化**。你摄入的植物性食物种类越丰富，肠道中的细菌种类就会更多样化（这对于良好的代谢平衡至关重要）。纤维在塑造微生物组和降低心脏病、脂肪肝和2型糖尿病等心脏代谢疾病的发病风险中起着至关重要的作用。有证据表明，促进肠道健康的最佳饮食应该含有远高于典型西方饮食中的纤维含量。美国肠道项目（American Gut Project）的研究显示，与每周仅摄入10种植物性食物的人相比，每周摄入30种不同植物性食物的人拥有更加多样化的微生物组。[60]因此，建议每天摄入30~50克纤维，每周从20~30种不同的植物性食物中获取纤维。含有30克纤维的食物量大致如下：
    - 5份蔬菜
    - 2份水果
    - 3份全谷物
    - 3份豆类、坚果或种子

2. **不不，这不是给你吃的！** 益生元纤维的美妙之处在于它们能抵御胃酸、消化酶的分解以及小肠的吸收，从而进入大肠并为我们最好的小伙伴提供食物。这有助于促进肠道中微生物的生长和活动，从而改善我们的心理健康、胃肠道内壁、心脏代谢和能量运用。确保定期摄入富含纤维的食物，如燕麦、大麦、小麦、黄豆、大蒜、青香蕉、苹果、洋葱、芦笋和韭葱。

3. **放下那块牛排**。最有力的证据表明，富含动物脂肪的饮食和动物性食物对肠道微生物组的构成和正常运作会产生不利影响。饱和脂肪已被证实会增加胆汁酸的产生，从而促进耐酸细菌的生长；不饱和脂肪则会通过改变胆汁酸的结构来抑制这些有害菌群的生长。因此，建议减少红肉中高脂肪部分的摄入量，并用多脂鱼类、去皮鸡肉、火鸡胸肉以及黄豆、豌豆、天贝等植物蛋白作为替代。

4. **Omega-3 和维生素 D** 在维持肠壁完整性、抑制有害微生物活动和维持炎症性肠病的缓解状态方面**起着重要作用**。试着每周吃几次三文鱼、鲭鱼、黄豆、亚麻籽和奇亚籽。如果可能的话，每天让太阳照射皮肤约 20 分钟。

5. **谨慎使用排除饮食法**。通过排除法或采用低 FODMAP 饮食来减少植物性食物，确实有助于控制肠易激综合征、食物不耐受和炎症性肠病等疾病。然而，这仅应作为一种临时措施。

当你的症状消失后，肠道微生物组不再适应那些有益健康的植物性食物，这就是为什么再次摄入这些食物会让你感到不适。但是，不要永久性地避免摄入植物性食物，而是应该在几周内慢慢地重新将其引入饮食中，逐步增加摄入量和频率，让身体有时间适应。

6.**选择摄入发酵食品而不是依赖益生菌补充剂**。尽管益生菌补充剂对某些疾病有一定的治疗效果，但购买这类产品很可能是在浪费钱。因此，你最好放弃益生菌补充剂，而是选择摄入发酵食品，比如酸奶和牛奶、康普茶①、开菲尔、酸菜、泡菜、酸面包和奶酪。

7.**肠道一一切轴！**我们摄入的每一种食物都会对我们的微生物组产生影响，无论是积极的还是消极的影响。我们的肠道健康与本书讨论的所有章节都密切相关。需要注意的是，这些主题并不是相互排斥的——它们相辅相成，并在预防和管理慢性生活方式疾病中起着至关重要的作用。

---

① 一种发酵茶饮料。

抑郁症和痴呆症：用食物安抚情绪

在上一章中，我们揭示了微生物组在消化、免疫以及情绪调节中的关键作用。此外，我们还详细阐述了这个内部生态系统中错综复杂的相互作用，描绘了一个对我们的健康和福祉产生深远影响的看不见的世界。在这一章中，我们将探讨饮食与大脑之间的联系，首先关注的是心理健康领域中一个迫切的问题——抑郁症，其次是英国人口的主要死因——痴呆症。

抑郁症是一种常见且具有致残性的心理健康障碍，持续影响着全球数百万人的生活，而其根源和治疗方法往往难以捉摸。尽管医学取得了进步，但对抑郁症的全面理解和治疗仍然是一个挑战。然而，一个新兴的研究领域让我们看到了营养和肠道-脑轴在影响我们的情绪和心理健康方面的关键作用。饮食不仅为我们提供了身体运作所需的能量，而且在决定肠道微生物组的多样性和功能方面也发挥着至关重要的作用，进而影响我们的心理健康。

在本章中，我们将根据最新的科学研究来揭示日常饮食选择如何通过肠道-脑轴影响我们的情绪和心理健康。肠道-脑轴是一种双向通信通路，连接着中枢神经系统与胃肠道。此外，我们还将探讨均衡且营养丰富的饮食方式将如何为我们提供抑郁症的潜在预防措施和治疗策略。

饮食与抑郁症

我仍然记得我作为精神科联络团队一员第一天工作的情景，仿佛就发生在昨天。我当时既紧张又兴奋。主治医生刚刚给我下达了指示："穆加尔医生，14号病房有一位病人一小时后需要接受精神卫生法（Mental Health Act，简称MHA）的评估，请和阿西夫医生一起去见外聘的精神科医生和社工，协助他们。"MHA评估是整个精神病学领域中最重要的工具之一，其结果可能会永远改变患者的人生轨迹，因为它决定是否需要强制患者住院接受治疗，以解决其潜在的精神健康问题。

这位患者是一个18岁的年轻人，患有情绪不稳定型人格障碍（EUPD），经历了可怕的成长环境。尽管我以前也处理过各种病情复杂的患者，但精神疾病总会让我感到一丝不安。也许是因为其他医学领域对精神疾病的偏见，或者是因为精神科医生在某种程度上被认为不如其他专业的医生，因为他们治疗的问题是看不见的。没有血液测试，没有X光来诊断问题，只有满屋的"疯子"，我甚至听到同事们有时也这样说，又或许是因为奈飞（Netflix）上无数心理惊悚片中对精神病患者的描述。无论原因是什么，我都知道必须保持冷静，以专业和同理心来对待这种情况。

当我和阿西夫医生一起走进病房时，我感到一阵不安。我们即将做出的决定将永远改变一个年轻女性的一生。事态的严重性显而易见——这名年轻女性多次进出社会和精神护理机构，她非常清楚见到多位医生意味着什么。她的抵抗在我的意料之中，但她的反应却让我始料未及。我们一进房间，她就开始挣扎和尖叫，四肢胡乱挥舞，仿佛完全变了一个人。这让我说不出话来。我不禁在想，她是如何陷入这种状态的。

在这种情况下，必须至少有两名医生和一名经批准的精神健康专业人士在场。在做出任何重大决定之前，我们需要确保探索过所有可能的选择。不幸的是，和往常一样，我们不得不对她采取约束、镇静和依法强制收治措施，直到她可以被转移到精神病医院。尽管这是一个艰难的决定，但我们清楚这是为她做出的最佳选择。当我们离开病房时，我感到很难过。显然，这名年轻女性需要加强心理治疗，我们要确保她得到所需的帮助。

当提到心理健康治疗时，你想到的可能是治疗师的躺椅或一盒药片。尽管像EUPD这样的疾病明显是由复杂因素引起的，仅靠改变饮食不会产生太大影响，但我们现在知道，饮食在控制症状和改善患有各种精神健康障碍患者的生活质量方面发挥着关键作用。尽管营养和心理健康看起来似乎关联不大，但营养精神病学领域正在迅速发展。

医学专家现在才开始认识到饮食在心理健康方面所扮演的角色。我们的大脑始终处于活跃状态，控制着我们的思想、动作、呼吸、心跳以及几乎所有你能想到的其他身体功能。即使在我们睡着的时候，大脑也在持续工作。因此，身体每天都需要大量的能量，而这些能量来源于食物。因此，我们摄入的食物种类会影响大脑的工作状态和保持健康的能力，这完全符合逻辑。

过去几十年来，西方社会普遍存在的心理健康问题反映出我们食物环境的变化，这并非巧合。在美国，每年大约有五分之一的成年人被诊断出患有某种心理健康障碍，而令人惊讶的是，46%的人在其一生中的某个阶段会符合心理健康障碍的诊断标准。与此同时，到2030年，抑郁症将成为高收入国家的首要致残原因[1]，这是我们稍后将深入探讨的内容。我们迷恋灵丹妙药以及补充剂，并将其视为一种一劳永逸的解决方案。然而，药物的作用是有限的——尤其是在我们稍后将讨论的痴呆症领域，大多数开发和测试的药物甚至都无法进入市场。

饮食与情绪的事实 No.1：饮食对情绪影响显著

抑郁症影响着全球超过2.64亿人，每年导致约80万人自杀。[2]它是15~29岁人群的第四大死亡原因，在全球各国普遍存在，其中美国情况最严重，中国和日本受到的影响最小。此外，抑郁症是全球主要的致残原因之一[3]，会给患者带来巨大的痛苦并导致功能丧失。这可能会影响工作和学习表现，并导致与亲人的关系紧张。

在我担任精神科医生期间，我亲眼目睹了抑郁症对患者的影响。我遇到了一名叫马修的42岁年轻绅士（至少按医院的标准来看他很年轻）。他当时正失业，对自己的体重不满意，家庭关系紧张，只能通过食物来缓解压力，让自己感觉好一些。虽然他总体上还能正常生活，但他的情绪明显非常低落。我遇到他时，他已经独自生活了好几年，饱受抑郁症折磨。他每天晚上的生活都一样：下班回家，吃一份从当地特易购（Tesco）超市购买的微波餐，坐下来看电视，打开零食柜和冰箱，开始吃冰激凌和巧克力手指饼，同时喝几杯啤酒。我们开始探讨他的症状，很快就发现了一个问题——马修发泄悲伤的唯一方式就是吃东西。

我相信你和我一样清楚，用酒精、冰激凌和饼干来排解忧愁是多么诱人。谁不想来一勺美味的薄荷巧克力冰激凌呢？即使我是一名医生，我"应该更了解情况"。但我也是人，在很多情况下也无法抵御"用食物安抚情绪"的诱惑。当压力悄然上升、情绪陷入低谷、烦躁达到顶点、耐心几乎耗尽时，通过食物获得安慰是一种非常自然的行为。

尽管这些安慰性食物在短期内可能会让我们感觉好一些，但长远来看，则构成了恶性循环，无论是对身体还是精神。马修的安慰性进食或压力性进食对身体造成的伤害显而易见；他在短期内体重增加了大约25千克，并患上了糖尿病。然而，这种进食方式对精神的伤害更加严重。尽管马修认为他的饮食习惯是在对抗抑郁症，但实际上是在加重他的抑郁症。

你是否也像马修一样，经常发现自己情绪低落，手里拿着一桶冰激凌或一筒品客薯片坐在电视机前？一项针对大学生的横断面研究[①]发现，在出现抑郁症状的18%的男性和28%的女性中，30%的人吃油炸食品，49%的人喝含糖饮料，52%的人每周不止食用一次高糖食品。[(4)]抑郁程度较高的女性食用快餐、油炸食品和高糖食品的

---

① 流行病学中常用的观察性研究，在一个特定的时间点从不同的个人或受试者中收集数据。

频率是其他女性的两倍，这表明女性在抑郁时更容易选择不健康的饮食。不言而喻，并不是每个抑郁症患者都会狂吃"垃圾食品"，因为抑郁症是一种极其复杂的疾病，可能会以不同的方式影响食欲和食物选择。有些人会完全停止进食，食欲明显减退[5]，而有些人则变成了"人形食物垃圾桶"。

抑郁症与调节情绪的神经递质，如血清素的水平下降、中脑皮层边缘奖赏通路（大脑中一组相互连接的区域，在感受愉悦、动机和奖赏方面发挥着关键作用）中的脑活动变化以及岛叶区域（大脑中帮助处理情绪、感知身体感觉和某些味觉的部分）的活跃度降低有关。[6]这些变化会使正常的自我护理，比如烹饪营养均衡的餐食，变得极其困难。快感缺乏（Anhedonia）是临床抑郁症的一个非常典型的症状，即对平时喜欢的事情失去了兴趣，这往往与饮食习惯有关。想到食物、进食行为甚至准备食物都应该是一件令人愉悦的事情，而不是感觉像一种负担。然而，当许多抑郁症患者希望"感觉好一些"时，方便食品是那一刻最简单的选择。

结论：食物能够对我们的心理健康产生深刻的影响，但营养在抑郁症中的作用却没有得到足够的重视。一顿饭就能显著影响一个人的情绪，因此一个人的整体饮食模式也会显著影响其患抑郁症的风险。★[7]

★ 在深入探讨饮食与抑郁症的关系之前，有必要指出性别之间的一些差异。一项包含16项随机对照试验的Meta分析发现，以女性为主要样本的研究观察到饮食干预对心理健康有显著的益处，而以男性为样本的研究则没有观察到这种益处。性别差异可能是由三个与性别相关的因素造成的。首先，女性在人群中的情绪障碍发生率较高，这可能会让她们在饮食调整中获得更明显的情绪改善。其次，饮食效果的差异可能与性别在代谢和身体成分方面的差异有关——女性可能对改变葡萄糖或脂肪代谢的饮食更敏感。最后，男女在饮食和健康信念方面存在社会文化差异。有证据表明，男性对饮食等健康行为的重视程度普遍低于女性；男性的营养知识水平也较低，而女性寻求营养咨询或建议的频率更高。因此，女性更有可能采纳推荐的饮食和健康行为并从中受益。

饮食与情绪的事实 No.2：
你用来提神的甜食可能会让你感到沮丧

在情绪低落时，有谁会拒绝一块巧克力或一块美味的蛋糕呢？精制糖常常被视为无聊、焦虑或压力的解药。精制糖是从天然来源（通常是甘蔗、乳制品或水果）中提取出来再添加到食品中的糖。尽管精制糖在化学上与水果中的果糖、甘蔗中的蔗糖和乳制品中的乳糖相同，但根本的区别在于它们已经失去了原有的天然形态。问题是，精制糖失去了原本含有的纤维、植物化学物质、蛋白质（来自乳制品）、维生素和矿物质等有益健康的成分。这就是为什么你会听到很多人说"天然糖对身体有益，但加工糖有害"。

当我们从心理健康的角度看待精制糖时，有几种合理的生物学机制可以解释为什么它们会增加抑郁症的发病风险。首先，正如我们在炎症一章中提到的那样，精制糖在膳食炎症指数中的得分很高，如果大量摄入，就会促炎。这会加剧神经炎症，损害大脑中负责调节情绪的连接。其次，海马体（大脑中的一小块区域，在新记忆的形成、空间导航和情感调节中起到关键作用）也会受到糖摄入量的影响。较高的糖摄入量与海马体萎缩有关[8]，抑郁症患者的海马体最多可能会缩小25%。

出现这种情况的部分原因是糖对蛋白质脑源性神经营养因子（BDNF）的影响。BDNF对神经元的存活、神经细胞的生长和成熟至关重要。有研究表明，高糖饮食会抑制BDNF的产生，进而损害海马体，使人们更难调节情绪。大量证据表明，BDNF与重度抑郁症的病理生理过程有关。一项涵盖11项研究的Meta分析发现，BDNF水平的降低与心理健康状况恶化之间存在强烈的联系。需要特别关注的是，在接受抗抑郁药物治疗后，参与者的BDNF水平有所上升，这表明BDNF水平的降低可能是抑郁症发生的原因。[9]

高血糖指数或高GI饮食（富含精制糖，缺乏健康脂肪和纤维的饮食）会导致胰岛素水平急剧上升，有时在餐后几小时会引发暂时性低血糖，这种情况甚至可能发生在非胰岛素抵抗患者或非糖尿病患者身上，被称为反应性低血糖。[10]据估计，多达50%的美国成年人存在胰岛素抵抗，因此这种情况发生的频率可能比人们意识到的更高。[11]血糖水平的波动与认知能力下降（我们将在痴呆症章节中讨论）以及情绪波动有关，从而增加了抑郁症的发病风险。[12]最近，一项Meta分析研究了10项观察性研究，涉及36.5万名参与者。该研究发现，含糖饮料（SSBs）会增加抑郁症的发病风险。[13]含糖饮料因仅含糖和水而臭名昭著，具有很高的血糖负荷。研究人员发现，每天摄入两杯含糖饮料就足以显著增加抑郁症的发病风险——与含糖饮料摄入量最低的组相比，摄入量最高的组患抑郁症的风险增加了31%。这些发现背后的另一种机制是，糖的摄入会改变内啡肽水平和氧化应激水平，从而增加抑郁症的发病风险。

可能有人会问："会不会是人因为抑郁而吃更多的含糖食品，而不是糖分的摄入导致了抑郁症？"问得好！在研究中，我们称之为"反向因果"假设，如果你想知道哪个先出现——就像先有鸡还是先有蛋——就需要在不同时间点追踪人们的情绪和饮食习惯，以了解因果的先后顺序。幸运的是，已经有研究验证了这个问题。白厅II研究（Whitehall II）对1万多名英国公务员进行了十余年的情绪和饮食评估。[14] 研究发现，摄入添加糖最多的人在5年内患抑郁症的风险增加了23%，而且高糖饮食往往要早于抑郁症症状的出现。此外，我的研究（希望能尽快发表）分析了来自TwinsUK队列研究中15000多对双胞胎的数据。结果显示，总糖分摄入量每增加100克，抑郁症的发病风险就会增加34%~41%——这种关系在纵向（随着时间的变化）分析中也得到了验证。

结论：虽然偶尔吃精制糖不会带来什么问题，但注重从水果和乳制品中摄入天然糖分，同时减少从糖果、饼干、蛋糕和即食食品等超加工食品中摄入"添加糖"，对提升心理健康至关重要。

饮食与情绪的事实 No.3：
人工甜味剂可能不会影响情绪

虽然减少精制糖摄入量可以改善抑郁症状，但用阿斯巴甜等零热量甜味剂（存在于减肥软饮料中）代替精制糖却引起了一些人的担忧。研究表明，高剂量的阿斯巴甜可能会对神经系统控制的行为产生一些负面影响，比如易怒、感到抑郁以及方向感变差。[15] 然而，这些研究中使用的剂量远高于普通成年人的摄入量（相当于每天摄入10罐无糖可乐）。相比之下，一项为期4周的研究对摄入标准剂量阿斯巴甜的女性进行观察后发现，这些女性的情绪没有发生什么变化。[16]

结论：虽然有证据表明摄入人工甜味剂存在副作用，但用人工甜味剂代替糖可能有益于心理健康。然而，如果你患有抑郁症并大量摄入人工甜味剂饮料，那么减少或停止摄入这类饮料可能有助于改善你的抑郁症状。

针对抑郁症的饮食建议

既然我们已经指出了某些食物会增加抑郁症的发病风险，现在是时候进一步了解饮食如何有助于改善心理健康了。令人兴奋的是，最近对多项研究进行的系统综述显示，以下饮食方法都有助于缓解抑郁症状，尤其是地中海饮食改良版，其研究结果表明该饮食方法对抑郁症能够产生显著的积极影响。[17]

地中海饮食改良版

这是大名鼎鼎的地中海饮食的改良版。这种饮食方式包括以下11个主要食物类别：

- 全谷物（每天5~8份①）
- 蔬菜（每天6份）
- 水果（每天3份）、豆类（每周3~4份）
- 低脂无糖乳制品（每天2~3份）

---

① 份的原文是serving，并不对应具体重量，大约是成人的一拳大小。

- 未经加工的无盐坚果（每天1份）
- 富含Omega-3的鱼类（每周至少2份）
- 瘦红肉（每周3~4份）
- 鸡肉（每周2~3份）
- 鸡蛋（每周最多6个）
- 橄榄油（每天3汤匙）

同时，减少或避免以下"额外"食物的摄入：
- 甜食
- 精制谷物
- 油炸食品
- 快餐
- 加工肉类
- 含糖饮料（每周最多3份）
- 酒精

地中海饮食改良版与传统地中海饮食虽然有许多相似之处，但也有一些关键的区别：

- **红肉和加工肉类**：地中海饮食改良版明确建议限制红肉的摄入，并完全避免摄入加工肉类，而传统地中海饮食可能没有特别明确强调这一点。
- 关于**甜食的建议**：地中海饮食改良版特别强调减少甜食、精制谷物、油炸食品、快餐和含糖饮料的摄入。
- **酒精**：虽然适量饮用葡萄酒，尤其是红葡萄酒，是传统地中海饮食的一部分（尤其是就餐饮用），但地中海饮食改良版建议限制酒精饮料的摄入。鉴于过度饮酒与抑郁症之间的关联，这一点尤其重要。
- **乳制品：**传统地中海饮食通常包括酸奶和奶酪，而地中海饮食改良版可能对乳制品的关注较少，并强调摄入低脂乳制品。

在一项以地中海饮食改良版为基础的研究中，30%的参与者抑郁症症状得到了显著改善，达到了"缓解期"的标准。[18]这一令人难以置信的结果表明，即便是重度抑郁症患者，简单的饮食改变也能产生显著的积极影响。

不过，在我们被30%这个数字冲昏头脑之前，让我们花点时间仔细研究一下其中的细节。在这项研究中，参与者得到了营养师提供的7次、每次60分钟的课程辅导，并获得了免费的食品礼包，以及创意食谱和激励式谈话的启发。因此，我们需要认识到，尽管饮食改变至关重要，但有组织的支持、提供的礼物和专业的帮助也很可能是他们病情好转的重要因素。尽管如此，这项研究还是一个很好的例子，说明了生活方式的全面改变——包括饮食、运动和心理健康活动——是如何共同作用来对抗抑郁症的。

如果你想尝试地中海饮食改良版，以下是你一天的饮食建议：

早餐

一碗希腊酸奶，撒上混合浆果和一把切碎的杏仁。可以淋一点儿蜂蜜增加些天然的甜味，再撒上一些奇亚籽增加纤维含量。

午餐

一份绿色蔬菜沙拉,包含烤鸡肉、圣女果、黄瓜、红洋葱、卡拉玛塔橄榄、羊乳酪,以及由橄榄油、柠檬汁、大蒜和牛至制成的简单调味汁。

晚餐

烤三文鱼片,用柠檬、大蒜和莳萝调味。搭配煮熟的藜麦和一些烤蔬菜,如辣椒、西葫芦和茄子,并拌入橄榄油和香草。

零食

自制或购买的鹰嘴豆泥,配以生蔬菜条,比如胡萝卜、甜椒或黄瓜。可以加一个全麦皮塔饼蘸着吃。另外,也可以尝试少量牛肉干。这是一种方便的即食零食,富含蛋白质、锌和铁。

甜点

几块富含黄酮类化合物的黑巧克力(可可含量最好为 70% 或更高),并搭配你最喜欢吃的新鲜水果。理想的水果选择包括浆果和柑橘类水果。

色氨酸、B 族维生素和叶酸

接下来,让我们看看另一项有趣的研究。该研究调查了遵循高色氨酸饮食和低色氨酸饮食的影响。[19]你可能想知道,色氨酸是什么?色氨酸作为一种人体必需氨基酸,是合成血清素的原料,而血清素是一种在情绪调节中起关键作用的神经递质。

在这项研究中,与低色氨酸饮食相比,摄入富含色氨酸食物的参与者抑郁症状减少,焦虑程度降低。色氨酸不能由人体合成,因此必须从饮食中获取。它在牛奶、火鸡肉、鸡肉和金枪鱼罐头等食物中含量尤其丰富。这些食物除了含有色氨酸，还含有丰富的B族维生素，它们在预防和治疗抑郁症方面也起着关键作用。维生素B_1（硫胺素）和维生素B_6（吡哆醇）非常重要，因为它们有助于产生调节情绪的神经递质。此外，缺乏维生素B_{12}可能导致叶酸（维生素B_9）缺乏，进而阻碍血清素的合成并导致脑细胞死亡。抑郁是叶酸缺乏症患者最常见的症状[20]，并且有研究表明，一个人血液中的叶酸水平越高，其抑郁的严重程度就越低。[21]

总之，为了帮助预防和控制抑郁症，应充分摄入色氨酸、B族维生素和叶酸。富含这三种营养素的食物包括瘦肉、海鲜、鸡肉、鸡蛋、乳制品、豆类、绿叶蔬菜、坚果和种子，以及添加了这些营养素的强化食品，如谷物、酱料和营养酵母。

其他值得关注的食物和化合物

黄酮类化合物

根据最新研究，黄酮类化合物可能有助于改善情绪。这些化合物存在于浆果、柑橘类水果、洋葱、黄豆、茶、黑巧克力和绿叶蔬菜等食物中。连续饮用富含黄酮类化合物或低黄酮类化合物橙汁8周的参与者报告称，他们的抑郁程度有所减轻，这表明黄酮类化合物与抑郁症状的严重程度之间可能存在剂量−反应关系。[22]神经炎症是导致抑郁症发作的主要机制之一。正如我们在炎症章节中所了解到的，黄酮类化合物本身具有很强的抗炎作用。

维生素D或维生素D₃

维生素D是血液中的活性成分,对肌肉功能、骨代谢、钙和磷稳态以及免疫系统等多种生理功能至关重要。[23]维生素D可以通过阳光照射产生或者从食物中获取,并通过肝脏和肾脏中的两个羟基化过程转化为维生素D₃。[24]常见的食物来源包括许多地中海食谱食物,如三文鱼、沙丁鱼、蛋黄、强化奶、谷物和酸奶。此外,有证据表明,维生素D与心理健康和认知功能有关并对其有益。[25]这是因为维生素D的受体存在于大脑的各个部位,包括负责调节和平衡情绪与行为的杏仁核。因此,多项研究发现,维生素D水平低的患者更容易出现情绪障碍。★[26]

镁

镁对发挥大脑的最佳功能至关重要,因为它有助于大脑和身体之间的信号传递,充当着神经细胞上的N-甲基-D-天冬氨酸(N-methyl-D-aspartate)受体的"守门人"。这些受体有助于大脑发育和记忆功能。[27]富含镁的食物包括坚果、种子、干豆、全谷物和绿色蔬菜。尽管镁是人体中含量第四的矿物质,但高达70%的美国成年人未达到推荐的每日摄入量。[28]

首次将镁用于治疗抑郁症的试验可以追溯到1921年,结果显示250个病例中有220个获得了成功!各种病例研究表明,重度抑郁症患者在每次进餐以及睡前服用125~300毫克的甘氨酸镁后,症状往

★ 在一项针对7970名美国年轻人进行的研究中,研究人员发现,与维生素D水平高于75nmol/L的人相比,维生素D水平低于50nmol/L的人患抑郁症的风险增加85%。大量经过严谨设计的对照试验(评估基线维生素D水平并在研究中给予适当剂量)发现,维生素D补充剂与药物一样有效,其最低有效剂量为600~800国际单位。

往在不到一周的时间内就能迅速改善。[29] 然而，时至今日，相关数据变得复杂起来。一项包含58项试验的Meta分析得出了多种结果，但几乎没有证据支持镁在抑郁症等情绪障碍中的作用。[30]

总而言之，尽管目前我们还没有从人体研究中得到一致的积极结果，但镁和抑郁症之间的关联似乎是合理的。不过怎么说，摄入富含镁的食物几乎没有什么坏处（但请注意安全上限为350毫克以下），而且它可能有助于维持良好的心理健康。

硒

这是一种人体必需的矿物质，存在于坚果、海鲜、瘦肉和全谷物中。尽管人体只需要少量的硒，但它在新陈代谢和甲状腺功能中发挥着重要作用，并且能通过减少血液中的自由基来帮助减轻氧化应激。[31] 硒的摄入不仅与改善阿尔茨海默病患者的认知功能有关[32]，还与抑郁症有关。一项研究发现，硒摄入不足与患重度抑郁症的风险增加3倍有关。[33] 此外，硒补充干预试验表明，补充硒能够显著改善产后抑郁症。[34]

肌酸

你们应该都听说过肌酸。肌酸是一种天然存在于肌肉细胞中的物质，有助于能量的利用。它也是世界上被研究最多的健身补充剂，以其能够提高运动表现、促进肌肉增长以及帮助肌肉恢复而广为人知。[35] 我们的身体每天产生大约1克肌酸，此外，肌酸还存在于肉类、鱼类和家禽中。它还有一个鲜为人知的好处，就是能够提高抗抑郁药物的疗效，并加快抑郁症的康复进程。在一项研究中，患有重度抑郁症的女性在服用选择性血清素再摄取抑制剂（SSRI）的同时，每天额外服用5克肌酸。与仅服用药物相比，她们的情绪得到了显著改善。[36]

与肌酸摄入量最低的人相比，通过饮食增加肌酸摄入量可使抑郁症的发病风险降低32%。肌酸有助于改善情绪的一个潜在机制是它对大脑有促进能量代谢的作用。重度抑郁症患者的大脑能量代谢异常，而肌酸可提高细胞内磷酸盐的再生率——这可以增强SSRI的效果，并有可能起到改善情绪的作用。[37]

藏红花

藏红花是一种香料，在历史上曾被广泛用于缓解胃痛和肾结石疼痛。在波斯传统医学中，藏红花被用于治疗抑郁症。[38]一项研究分析了23项关于藏红花补充剂的对照试验，结果显示，藏红花在改善抑郁和焦虑症方面具有显著的积极作用（与安慰剂相比）。★[39]

临床前研究（Preclinical studies）①表明，藏红花含有藏红花素和藏红花醛，它们可以通过多种机制发挥作用。这些机制包括抗氧化和抗炎特性，调节脑源性神经营养因子（BDNF）表达以及下丘脑-垂体-肾上腺轴（HPA）。试验中使用的藏红花标准剂量为30毫克（或1/10毫升粉末），每天的摄入安全上限为1500毫克。已报告的副作用包括头痛、恶心和便秘，但这些副作用的发生率不高于安慰剂组或药物组。

★ 在标准现代治疗的背景下，安慰剂对照试验的结果表明，与SSRI等药物相比，藏红花的效果更好，尽管直接比较藏红花和抗抑郁药物的5项试验未发现统计学上的显著差异。

① 指药物进入临床研究之前所进行的化学合成或天然产物提纯研究，药物分析研究，药效学、药动学和毒理学研究以及药剂学的研究。

其他营养素和化合物

我们没有详述的一些营养素和化合物也被证明在改善抑郁症症状方面发挥着重要作用,如下:

- **铁**:缺铁(或缺铁性贫血)会增加各种精神疾病的发病风险。[40]
- **姜黄素**:姜黄素具有强大的抗氧化和抗炎特性,使姜黄(含有姜黄素)成为烹饪时的理想选择——记得加入黑胡椒,以提高其生物利用率。[41]
- **咖啡**:由于咖啡富含抗氧化物,再加上咖啡因能够阻断大脑中的腺苷受体,因此有助于缓解疲劳并改善情绪。数十项研究表明,摄入咖啡较多的人患抑郁症的风险降低24%,每天摄入400毫升时保护效果最佳。[42]但是,咖啡因会加剧焦虑症状,特别是如果你有恐慌发作的情况。所以,如果你有这方面的问题,那最好限制咖啡摄入量。[43]
- **锌**:锌在300多种生物过程中发挥着重要作用,包括DNA复制、细胞膜的维护和蛋白质合成。此外,它还作用于脑源性神经营养因子和一种名为酪氨酸激酶受体B(TrkB)的关键神经营养因子,后者能改善海马体内的神经元连接。[44]一项新的Meta分析显示,最高水平的锌摄入量可使抑郁症的发病风险降低28%。此外,在不采用其他治疗方法的情况下,锌补充剂可以改善抑郁症患者的抑郁症状。[45]

思考

当然,抑郁症并非由单一原因引起,因此不存在单一的"治愈"

方法。与许多健康问题一样,抑郁症本质上是由多种因素造成的。我们自身的生物学因素、生活状况和人际关系等社会环境因素,以及运动、饮食和睡眠等生活方式因素都会对我们的心理健康产生影响。营养精神病学的领域正在迅速扩展,目前的证据表明,上述饮食调整明显有助于预防和治疗抑郁症,几乎没有副作用。*(46)

既然我们已经总结了与抑郁症有关的最重要的营养素,现在让我们深入探讨另一种使人衰弱的脑部疾病——痴呆症。

饮食与痴呆症

痴呆症是一种令人恐惧且极为严重的疾病。在英国65岁以上的人群中,每14人中就有1人患有痴呆症;而在80岁以上的人群中,每6人中就有1人患有此病。痴呆症实际上是指一组与大脑功能持续衰退相关的疾病,其中最常见的是阿尔茨海默病,约占痴呆症病例的70%。其他类型的痴呆症还包括血管性痴呆、额颞叶痴呆和路易体痴呆。

更常见的痴呆症形式表现为记忆力减退、思维速度减慢、日常任务执行困难,以及理解力、判断力和运动能力的持续下降。在深入探讨营养问题之前,重要的是要认识到痴呆症的病理生理机制极

★ 幸运的是,我们之前讨论过的许多有益营养素已经在一项涵盖28项Meta分析的大型综述性研究中得到了总结。该研究探讨了饮食因素在预防和治疗抑郁症方面的作用。研究者们在分析了多项关于多种食物和营养素的研究后发现,摄入鱼类、Omega-3脂肪酸、锌、益生菌和咖啡可以降低患抑郁症的风险。而促炎饮食(膳食炎症指数评分高)、酒精、果蔬摄入不足以及摄入高糖饮料则与较高的抑郁症风险相关。

为复杂，其发病以及病情进展过程受到许多因素的影响。已确定的风险因素包括家族病史、较低的教育水平、高胆固醇或高血压、慢性炎症、胰岛素抵抗，以及吸烟、过度饮酒和抑郁症等心理健康障碍。

从细胞层面来看，大脑中有两种主要机制在起作用：淀粉样斑块和由扭曲的tau蛋白组成的神经元纤维缠结。这听上去可能会有些难懂，但重要的是要了解这些斑块和蛋白质会触发"神经毒性级联反应（neurotoxic cascade）"，包括神经炎症和突触功能障碍（发生在神经元相互连接和相互作用的地方），最终导致神经元死亡。简而言之，神经元死亡的增多意味着记忆力和脑功能的进一步下降。然而，迄今为止，大多数旨在阻止或预防这些过程的治疗方法未能奏效。

事实证明，推出用于预防、延迟阿尔茨海默病发作，减缓病情进展或改善症状的药物极其困难。实际上，痴呆症可以说是医学中最难攻克的领域。在21世纪初测试的244种化合物中，大多数都未能通过药物开发的各个临床阶段，失败率高达99.6%。[47] 由于药物干预无效，随着我们试图了解更多关于痴呆症预防和治疗的信息，可改变的生活方式因素，例如营养，在过去几十年中成为研究的焦点。那么，哪些食物和化合物已被证明对痴呆症有影响呢？

典型的西方饮食方式极大地增加了患痴呆症的风险

尽管研究特定营养素如何改善大脑健康对理解它们在疾病各阶

段的作用至关重要,但我们摄入的是整个**食物**,而不是单一的营养素。这就是为什么我总是说,营养素并不是孤立存在的——食物是营养的基本单位,关于整体饮食模式的研究为制订全面的饮食建议奠定了基础。然而,不幸的是,在对饮食模式进行整体评估时,我们发现越来越多的证据表明西方饮食方式对神经元具有破坏性。

西方饮食主要包括预包装的超加工食品和肉类(如萨拉米香肠和微波餐)、精制谷物、红肉、高糖饮料、糖果、高脂乳制品和油炸食品。令人担忧的是,超加工食品在英国日常饮食中占28%,而在美国食品供应中的比例甚至高达70%。一项研究从英国生物银行(UK Biobank)的数据库中选取了7.2万多名参与者,对他们进行了平均为期十年的跟踪调查。[48] 研究结果显示,每日超加工食品摄入量每增加10%,患痴呆症的风险就会增加25%;而将10%的超加工食品替换为加工程度最低的食品,可以使这一风险降低19%。这可能是因为超加工食品通常含有较多的添加糖、盐和脂肪,而蛋白质和纤维含量较低。此外,加工肉类中高含量的亚硝胺可能会损害对大脑功能至关重要的新陈代谢和信号传导机制,从而导致神经退行性病变。[49]

西方饮食的高血糖指数(GI)也值得我们深思。大脑的代谢率很高,且其代谢几乎完全依赖于葡萄糖的利用。这意味着为大脑供血的血管必须提供稳定且充足的葡萄糖,以确保大脑发挥最佳功能。然而,越来越多的证据显示,虽然血糖水平的急剧升高在短期内对认知表现有一定的益处,但更稳定的血糖水平(避免血糖水平出现剧烈波动)不仅有助于改善认知功能,还能降低一生中认知能力衰退的风险。[50] 因此,明智的做法是确保大部分餐食中都含有均衡且充足的不饱和脂肪、纤维和蛋白质。所有这些成分都有助于减缓消化速度,维持更稳定的血糖反应。

快速升血糖的食物也与较高水平的淀粉样蛋白负荷有关,会对认知能力产生不利影响。[51] 这在一定程度上是因为一种名为胰岛素降解酶(insulin degrading enzyme,IDE)的酶。胰岛素降解酶不仅负责分解胰岛素(顾名思义),还负责分解淀粉样斑块。如果它忙于分解因高碳水化合物/高血糖指数饮食而产生的大量胰岛素,就没有足够的时间来分解淀粉样蛋白,进而导致大脑功能逐渐下降。[52]

高血糖指数的西方饮食方式同样会影响海马体和前额叶皮层的神经元。[53] 海马体非常活跃,因为它与我们形成关联记忆的能力密切相关,包括记住发生的事实和事件(回忆新面孔、新名字或关于世界的知识)。因此,当你锻炼记忆力时,海马体实际上在生长。一项有趣的研究发现,伦敦出租车司机的后海马体比其他人要大得多,这是因为他们的工作需要记住城市中大量的街道、路线和地标。[54]

然而,富含精制糖(和脂肪)的饮食会以多种方式损害海马体。正如我们在本章前面讨论的,精制糖已被证明会阻碍脑源性神经营养因子(BDNF)的表达,而 BDNF 对海马体的健康运作至关重要。[55] 此外,西方饮食中高水平的饱和脂肪会干扰细胞信号通路并诱发胰岛素抵抗,这在神经退行性疾病早期检测的风险因素评估(TREND)研究中已被证明可以预测认知能力的下降。[56]

最后,西方饮食方式会增加氧化应激,这会损伤脑组织,降低海马体中细胞间通信的有效性。[57] 这种损伤最终可能导致海马体萎缩,影响其记忆功能,会引发一系列负面效应,因为海马体不仅负责调节我们的食量,还影响我们摄入的食物种类。

富含精制糖和脂肪的饮食及其对食欲调节和大脑健康产生的影响，构成了一个难以打破的循环。总之，西方饮食的主要组成部分，如高血糖指数食物、精制糖和饱和脂肪，会对大脑产生不利影响。

针对痴呆症的饮食建议

事实上，西方饮食方式可能会增加我们患痴呆症的风险。但我们不能只关注这种饮食方式中已有的营养成分，还要留意其中缺失的营养成分。接下来，我们将重点介绍那些保护大脑免受痴呆症侵害的关键营养素和化合物，并向你介绍一种终极健脑方案：MIND饮食。

黄酮类化合物

黄酮类化合物在抑制全身性炎症中起着不可或缺的作用，而鉴于神经炎症在痴呆症中的关键性，这类化合物带来的益处显而易见。[58]然而，实际情况比这更复杂一些。黄酮类化合物中的特定亚类（如花青素和黄酮醇）已被证明可以提高BDNF的水平。正如之前所强调的，BDNF对神经元的生长和成熟至关重要。[59]此外，黄酮类化合物已被证明能够激活一种名为内皮型一氧化氮合酶（eNOS）的酶。这种酶负责新血管的形成和血管舒张，从而增加流向大脑的血流量[60]，而血流量的增加部分要归功于BDNF水平的提高。确保大脑获得充足的血液供应至关重要，这样营养物质才能到达脑细胞并进行气体交换。

PAQUID①[61]和护士健康研究[62]等多项观察性研究发现,摄入富含黄酮类化合物的食物有助于改善认知健康。护士健康研究发现,摄入蓝莓(每周至少一次)和草莓(每周至少两次)与认知功能衰退推迟2.5年相关。也就是说,如果你80岁,那么你的认知能力可能相当于77岁的人。总而言之,摄入更多的黄酮类化合物有利于维持认知能力并延缓认知衰退。

干预试验同样证实,摄入新鲜蓝莓汁、葡萄汁和富含异黄酮的大豆制品可以改善认知功能。[63]一项研究测试了新鲜蓝莓汁对健康成年人的影响,结果发现,在短短12周后,参与者的单词记忆和学习能力均有显著提升。[64]中年职场妈妈[65]和幼儿[66]也可以从富含黄酮类化合物的饮食中受益,因为这种饮食已被证明能够改善日常工作表现和记忆力。总之,无论处于生命的哪个阶段,摄入富含黄酮类化合物的食物都能够显著并持久地改善认知能力。

多脂鱼类和Omega-3脂肪酸

近年来,Omega-3脂肪酸或鱼油补充剂受到了一些负面评价,原因在于最新的大规模综述显示,它们对心血管健康的积极作用不如人们预期的那样显著。[67]结果表明,这些补充剂可能并不会显著降低患心脏病的风险。此外,关于鱼油是否能够促进大脑健康,尤其是在预防记忆丧失或抑郁症方面,存在着大量争议。

关于鱼油是否能够促进大脑健康的讨论可以分成两个部分:一是通过直接食用脂肪鱼类来摄入Omega-3脂肪酸,二是通过服用

---

① PAQUID是一项专注于老年人的研究,旨在调查老年人大脑老化以及在日常生活中的自理能力。

Omega-3 或者鱼油补充剂。一般来说，这两种方法都可能带来益处。然而，我们需要分析相关的科学原理，以解释为什么仅仅阅读一篇研究论文并不能让你了解全部真相。

鱼油主要含有两种 Omega-3 脂肪酸，即二十碳五烯酸（EPA）和二十二碳六烯酸（DHA）。这两种脂肪酸是细胞膜的重要组成部分，有助于减少炎症并促进大脑和心脏的健康发育。大脑干中约有一半是脂质，其中约 30% 是多不饱和脂肪酸（PUFAs）。DHA 占大脑中 Omega-3 脂肪酸总量的 90% 以上！这非常重要，因为向大脑提供 DHA 可能有助于防止淀粉样蛋白形成聚集，而这种聚集会形成导致痴呆症的淀粉样斑块。[68] 此外，DHA 浓度的增加有助于保护大脑，防止胆固醇引发的 β-淀粉样蛋白的生成对大脑造成损害。[69] 此外，EPA 和 DHA 都是某些被称为消退素的抗炎化合物的前体（我们在炎症一章中提到过），反过来能减少神经炎症，这对保持大脑功能至关重要。[70]

在人类饮食中，EPA 和 DHA 几乎只存在于多脂鱼类和鱼油中。很多人之所以缺乏这些营养素，是因为他们每周没有摄入两份富含脂肪的鱼肉。[71] 尽管人体可以将亚麻籽、奇亚籽、核桃和各种植物油中的 α-亚麻酸转化为这些脂肪酸，但这一转化过程相当低效——在摄入的 α-亚麻酸中，仅有 10% 能够被转化为 EPA 和 DHA。[72] 此外，多项研究表明，摄入多脂鱼类对预防阿尔茨海默病有效。一项涵盖 21 项研究、涉及人数超过 181000 人的 Meta 分析调查了受试者的饮食习惯，并对他们进行了长达 21 年的跟踪调查。[73] 分析结果显示，每周摄入一份鱼肉，患痴呆症和阿尔茨海默病的风险分别降低了 5% 和 7%。

有些人可能会反驳这些发现："那么汞呢？汞对大脑有毒。"让我来消除大家的顾虑,即使大脑中的汞含量较高时,食用鱼类对大脑健康的保护作用仍然存在。这一点在芝加哥记忆和衰老项目研究(Chicago Memory and Aging Project Study)的横断面分析中得到了证实。该研究表明,尽管食用鱼类较多的人群大脑中汞含量更高,但他们患阿尔茨海默病的风险仍然显著降低。[74] 总而言之,食用鱼类的好处远远超过汞污染可能带来的坏处。

这真是个好消息!你可能会说:"我其实不太喜欢吃鱼,所以只需要吃几颗Omega-3胶囊,我的大脑就没问题了,对吧?"别急,关于Omega-3补充剂对阿尔茨海默症的效果,证据并不一致。数项对干预性对照试验进行的Meta分析表明,Omega-3补充剂仅能改善与痴呆症无关的认知障碍患者的某些认知功能。[75] 最近对5项对照试验进行的分析同样发现,Omega-3补充剂在改善认知功能方面的结果并不显著。[76] 这些对照试验结果的不一致是由多种因素造成的。首先,受试者服用的剂量存在很大差异(比如在一项分析中,剂量范围从每天240毫克到2.3克不等)。此外,这些试验的持续时间短至90天,长至数年。但就痴呆症而言,这些试验的持续时间都非常短暂。而且,补充剂中DHA与EPA的比例也各不相同。因此,这些因素连同其他诸多因素,在尝试应用结果或向人们提供建议时,构成了重要的障碍。

那么,我们是否应该服用Omega-3补充剂来保护大脑?尽管由于研究设计的不一致导致干预试验的结果缺乏一致性,但这些生物学机制和在不同人群中的观察结果是完全有效的。因此,不经常食用鱼类的人在认知能力下降之前,可能会从定期补充Omega-3中受益。

迷迭香

"迷迭香，是为了帮助回忆。"在莎士比亚的作品《哈姆雷特》中，奥菲莉亚（Ophelia）的这句话似乎揭示了迷迭香与记忆之间的某种联系。2012年，一项有趣的研究要求20个人坐在充满迷迭香精油香味的隔间里，并对他们进行了算术、模式识别、思维能力等多种认知测试。[77] 研究发现，迷迭香的香气浓度越高，受试者的注意力和执行功能表现得就越好。

迷迭香具有强大的抗炎能力，能够通过一种叫二萜（diterpenes）的天然油脂保护细胞免受氧化应激的损害。[78] 你可以在烤蔬菜、烤土豆或烤鸡上撒上迷迭香（橄榄油可以帮助它更好地黏附于食物）。还有证据表明，迷迭香的香气可以改变脑电波，从而让人感到平静，缓解焦虑并提高警觉性。[79]

咖啡

和迷迭香一样，咖啡也含有具有抗炎作用的二萜。此外，咖啡豆中还含有许多对大脑健康有益的化合物。例如，咖啡豆中高浓度的葫芦巴碱（trigonelline）和其他多酚类物质能够激活抗氧化剂，保护大脑中的血管。除了能预防抑郁症外，咖啡还可以通过减少 β-淀粉样蛋白的积累来减缓认知能力的下降。[80] 此外，咖啡中的咖啡因会增加血清素和乙酰胆碱，使大脑保持兴奋并稳定血脑屏障。

数十项试验表明，咖啡因能在短期内改善精力、情绪、注意力、反应速度、记忆力和疲劳感。[81] 但要记住，咖啡因的总摄入量应低于每天400毫克的安全上限，并且避免在下午3点以后摄入，以保证最佳睡眠质量。[82]

无论咖啡对大脑有何影响，它对健康的显著益处不容忽视。一项关于咖啡与健康的大型综述综合了201项Meta分析，每项Meta分析都评估了大量的个体研究。结果发现，每天摄入3到4杯咖啡可以显著降低心血管疾病、癌症、肝病、代谢性疾病的发病风险以及全因死亡率。[83] 负面影响仅在妊娠期和女性骨折风险方面有所体现。

姜

姜是一种功效强大的食物。它有助于预防淀粉样斑块的形成并抑制胆碱酯酶的合成——这是导致痴呆症发展的两个主要原因。由于迄今为止观察到的有益特性，实际上，姜已经对开发新型阿尔茨海默病药物的多项研究产生了积极影响。[84] 一项研究发现，连续两个月每天服用400~800毫克的姜提取物，可显著改善中年女性的工作记忆。[85]

这种神奇食物的美妙之处在于，你几乎可以把它加入任何菜肴中。从撒上新鲜姜丝的松饼，到咖喱、腌制肉类、蛋糕、炒菜……任何你想吃的菜肴，都可以加入姜。

维生素E

维生素E存在于坚果、植物油、鳄梨、种子和其他一些果蔬中，由8种脂溶性化合物组成。维生素E的每种亚型具有不同的抗氧化活性，能够清除自由基。自由基是在正常的新陈代谢过程中产生的不稳定且高度活跃的分子。大量自由基会对器官、细胞、蛋白质和DNA造成损害。因此，摄入维生素E等强效抗氧化剂显然有助于保护大脑。

最近的一项叙述性综述讨论了11项研究，这些研究显示维生素E在轻度认知障碍进展过程中具有一定程度的神经保护作用。[86] 然而，与Omega-3胶囊类似，尽管在食物中观察到维生素E具有显著的益处，但维生素E补充剂的研究并未显示同样的效果。这是因为补充剂中使用的生育酚成分与食物中的不同，可能无法达到同样的效果。[87]

热量限制

热量限制也值得一提。在现代的食物环境中，人们普遍存在食物摄入过量而非不足的情况。鉴于过度进食可能引起炎症并带来健康问题，因此有强有力的证据表明限制热量对认知和大脑健康有益并不令人意外。2019年，作为CALERIE研究项目的一部分，研究人员进行了一项临床试验。该试验在两年内跟踪了两组健康中年人群的工作记忆：其中一组热量摄入减少了25%，另一组则自由饮食。[88] 研究发现，那些进行热量限制的个体在工作记忆方面有显著改善，即使在考虑了睡眠质量和运动习惯后，这一结果依然成立。

一项涵盖了11项对照试验的全新Meta分析进一步证实了这些发现。分析结果表明，无论是通过常规方法还是间歇性禁食来限制热量摄入，都能对超重人群和正常体重人群的认知功能产生不同程度的积极影响。[89] 但需要注意的是，这并不一定适用于所有人群。如果你本身饭量较小或者营养摄入不足，那么进一步限制热量摄入可能不会对你的大脑健康产生有益影响。所以，在做出此类决定时，咨询医生以确定一个适合你的计划是非常重要的。

MIND 饮食

MIND饮食（Mediterranean–DASH[①]Intervention for Neurodegenerative Delay，意为"地中海-终止高血糖饮食干预延缓神经退行性疾病"）是由营养流行病学家玛莎·克莱尔·莫里斯（Martha Clare Morris）专门设计的，目的是预防因衰老引起的痴呆和脑功能丧失。这种饮食包含了一系列特别为促进大脑健康而精心配制的食物和营养素。2015年，莫里斯博士编制了一份对认知功能有积极或消极影响的饮食成分清单，并强调了MIND饮食中10组有益于大脑健康的食物，如下所示：

- 绿叶蔬菜（如羽衣甘蓝、菠菜或其他煮熟的绿叶菜）
- 其他蔬菜（西蓝花、胡萝卜、彩椒、非淀粉类蔬菜）
- 浆果（蓝莓、草莓、覆盆子、黑莓）
- 坚果
- 豆类
- 橄榄油
- 全谷物
- 鱼类
- 家禽
- 1杯葡萄酒 ★ [90]

---

① DASH的全称为Dietary Approaches to Stop Hypertension，也称"终止高血压膳食"或者"得舒膳食"。

★ 然而，随着时间的推移，人们越来越清楚地认识到，即使对大脑而言，饮酒也没有"安全"的限度，这与MIND饮食的建议相矛盾。大量饮酒与大脑萎缩、神经元死亡和白质纤维变差有关，而这些是传递大脑冲动的重要神经延伸。英国生物银行队列的研究扫描了36678个大脑，结果表明，即使每天摄入1～2单位的酒精（相当于1杯酒），也会导致大脑体积减小和白质微结构变差。因此，尽管有些人可能会告诉你，葡萄酒中的白藜芦醇等化合物具有健脑的作用，但出于各种原因，最好还是不要饮酒。

此外，她还列出了5组损害大脑健康的食物：

·红肉

·人造黄油和天然黄油

·奶酪

·糕点

·甜食和油炸、超加工快餐食品

记忆与衰老项目研究评估了芝加哥40多个退休社区的居民，清楚地展示了遵循MIND饮食的好处。莫里斯博士和她的同事为每种食物类型设定了一个饮食得分，以便评估参与者对饮食的遵循程度。以绿叶蔬菜为例，按照MIND饮食的建议，理想的摄入量是每周至少6份。如果参与者每周绿叶蔬菜的摄入量少于2份，则得分为0；若在2~6份之间，得分为0.5；若超过6份，则可获得1分。对有害食物组，评分标准则完全相反：若每周摄入超过7份红肉，得0分；在4到6份之间，得0.5分；若少于4份，则获得1分。

研究人员分析了参与者的饮食习惯，并计算出反映他们遵循MIND饮食程度的得分。引人注目的是，MIND饮食得分最高的人在认知年龄上比得分最低的人年轻7.5岁。[91]MIND饮食与认知功能之间的关系不仅体现在认知总分上，而且还体现在认知健康的五个领域：语义记忆（对事实和世界常识的记忆）、工作记忆（对正在处理的信息的短期回忆）、感知速度（观察事物的速度）、视觉空间能力（观察和理解环境的大小和空间的能力）以及情景记忆（对仍在处理的信息的长期回忆）。值得关注的是，MIND饮食对情景记忆、语义记忆和感知速度方面的改善最为显著。此外，MIND饮食还有助于降低阿尔茨海默病的发病风险。

自莫里斯博士最初的研究以来，已有大量试验证实了她的发现。2019年，澳大利亚的一项研究通过长达12年的随访发现，采用MIND饮食与降低阿尔茨海默病的发病风险相关。[92]最近，一项涵盖13项研究的系统综述显示，坚持MIND饮食与老年人在认知功能的一些特定领域的表现呈正相关。也许最重要的是，MIND饮食在改善认知功能方面已被证明优于其他富含植物的饮食，如地中海饮食、DASH饮食和倾向于素食的饮食。[93]

总之，MIND饮食似乎为保护记忆力和延缓认知衰退奠定了最坚实的基础。将这些饮食成分尽可能多地融入日常生活或许是明智之举。以下是MIND饮食主要原则的总结：

根据MIND饮食列出的10组有益大脑健康的食物（每组1分）	
绿叶蔬菜（羽衣甘蓝、甜菜叶、菠菜、其他煮熟的绿叶蔬菜和绿色沙拉）	每周6份或更多
其他蔬菜（辣椒、胡萝卜、西蓝花、土豆、豌豆、芹菜、番茄、四季豆、甜菜根、玉米、茄子等）	每天1份或更多
浆果（蓝莓、覆盆子、黑莓、草莓）	每周2份或更多
橄榄油	作为主要用油来源
坚果	每周5份或更多
全谷物	每周3份或更多
鱼类（富含Omega-3的多脂鱼类，例如三文鱼）	每周1份或更多
豆类（小扁豆、黄豆等普通豆类）	每周3份或更多
家禽（鸡肉或火鸡肉）	每周2份或更多
葡萄酒	每天一杯

请记住，这些都是MIND饮食的最佳饮食原则。如果你不能完

全做到也没关系；相关研究显示，即便是部分采纳MIND饮食原则，也会降低阿尔茨海默病的发病风险。

要点回顾

1. **降低血糖负荷**。过量摄入精制糖会导致血糖水平波动，不仅会影响情绪，还可能增加患抑郁症的风险，并损害短期和长期的认知健康。大脑在葡萄糖和营养物质的稳定供应下才能发挥最佳功能，因此，在日常饮食中注重摄入全谷物等复合碳水化合物，以及不饱和脂肪、纤维和蛋白质，将显著降低血糖生成指数。此外，将这一饮食原则应用于正餐中，不仅有助于控制食欲和热量摄入，还能有效减少对特定食物的强烈渴望。

2. **限制热量摄入**。如果你超重（这表明你长期摄入过多食物），那么保护大脑的最佳方法之一就是减少摄入的热量。通常可以通过采纳MIND饮食和地中海饮食改良版的建议来间接实现。同时，采纳减肥章节中有关持续减少热量摄入的详细策略和解决方案，也会对你很有帮助。

3. **给食物调味！** 藏红花、姜黄、姜、迷迭香以及具有抗炎特性的各种辣椒，都是日常饮食中简单又美味的0热量添加物，会对你的大脑和心理健康产生显著的积极影响。其中一些成分（在适当摄入时）的效果可与某些抗抑郁药物相媲美。

4. **采纳MIND饮食和地中海饮食改良版的理念**（不包括葡萄酒的摄入）。这些饮食方法都是基于特定的饮食理念，专门为改善情绪和保护大脑而制订的。

5. **不要让大脑发炎！**神经炎症是导致认知能力下降和智力衰退的主要原因之一，因此遵循炎症章节中的原则（遵循"抗炎"的饮食模式）对维持大脑的长期健康至关重要。

结束语

当我们揭穿误区和寻求真相的旅程即将结束时，我真诚地希望，你作为读者，不仅能够获得知识，还能变得更加强大。营养学领域是一个不断发展的复杂领域，充满了各种理论、研究和建议，它们都在竞相争取我们的关注和信任。然而，当面对这些纷繁复杂的信息时，你现在有能力辨别事实与虚构，区分证据与夸大其词。

在揭开长期以来我们对营养的一些误解之后，我们领悟到了一个简单而普遍的真理：没有灵丹妙药，没有一种适合所有人的饮食方式，没有瞬间获得健康和幸福的秘诀。迈向更健康生活的道路通常以可靠的信息和个人内省为指导，由一系列小的、可管理的以及可以坚持下去的生活习惯组成。

在你继续前行的过程中，请记住，获得健康的方式更像是一场马拉松，而不是短跑冲刺。获得营养和健康的关键在于平衡、多样和适度的饮食，而不是严格限制饮食、极端节食或者能够快速减重的饮食。选择吃色彩丰富的水果和蔬菜、摄入足够的蛋白质和水分，这些做法比任何流行饮食或所谓的超级食物都更有效，也更科学。

在本书中，我们已经揭穿了许多营养方面的误区，从荒谬的神奇减肥疗法到对碳水化合物的妖魔化，再到将某些食物美化为"灵丹妙药"。然而，不可避免的是，新的误区仍将带着引人注目的描述和诱人承诺不断涌现。你最有力的防御是批判性思维。永远记得质疑信息的来源，仔细审查证据，并在有疑问时寻求专家的意见。在这个错误信息会像野火一样蔓延的时代，这种思考方式就是你的灭火器。

让我们感到欣慰的是，越来越多的医生、营养师和健康专业人员致力于揭穿虚假信息，并推广基于事实的营养和健康建议。同时，政府、非营利组织甚至一些媒体机构正在加强监管和事实核查，以减少误导性健康信息的传播。请记住，犯错并从中汲取教训是可以接受的。每揭穿一个误区或纠正一个误解，都让我们对营养学这一错综复杂的领域有了更深入的了解。因此，请带着好奇心和开放的心态，迎接这段探索之旅。

营养学的世界可能看起来像是一座充满矛盾信息的迷宫，但你并不是无助的徘徊者。相反，你拥有一个精密的指南针，是一位见多识广的航海家。在你规划通往更健康的道路时，记得要对自己有耐心，保持好奇心，并始终持有一定程度的怀疑态度。你现在有能力掌控自己的健康，做出明智的决策，最重要的是，能够捍卫自己的福祉。本着这种精神，让我们满怀乐观，而不是恐惧，迈向更健康、更光明的未来。

总之，你才是书写自己健康故事的作者。那么，请让它成为一个值得诉说的故事吧！

附录：证据分级

任何观点都可以找到相应的研究论文作为支持。我与许多有影响力的人士进行过无数次的交流，他们声称自己已经进行了"研究"。但我不禁想问，"研究"究竟意味着什么？对很多人而言，这意味着在互联网上搜索并找到关于该主题的第一篇文章。对于另一些人来说，它意味着在研究数据库中输入"碳水化合物导致体重增加"，然后查看搜索结果。然而，这些方法都不能算作"研究"。一个关键的区别在于，"研究"意味着一个人运用自己的专业知识进行批判性评估，以概括和总结那些复杂和微妙的科学问题。

考虑到这一点，我想说明一下，并非所有研究的质量都是相同的。因此，让我们简要地了解一下不同类型的研究，并探讨它们各自的优点和局限性。

证据分级	描述	优点	局限性
Meta分析/系统综述	对同一主题的多项研究进行稳健分析，以提供对最佳可用证据的公正概述（对研究进行的研究）	能够提供最强有力的科学证据	这类研究的说服力取决于可用证据的质量（对存在设计缺陷的研究进行分析不会得出强有力的结论）

（续表）

证据分级	描述	优点	局限性
文献综述	研究人员对任何给定主题的现有证据进行概述，但并未采用正式的审查方法（例如，摄入乳制品是否会影响心血管疾病的发病风险？）	能够利用当时的可用证据，为你提供对任何给定主题的基本理解（例如，2017年的文献综述只能提供对2017年之前研究证据的深入见解）	由于它并未采用严格或透明的审查方法，我们不能将其称为系统综述，因此它的权威性不如系统综述。此外，它还会受到作者偏见的影响（因为讨论哪些研究是由作者决定的）
随机对照试验（RCT）	研究人员招募一组参与者，然后直接测试某种干预措施对健康某个方面的影响（例如，测试摄入高果糖玉米糖浆对血液炎症标志物的影响）	通过与安慰剂或"对照组"比较，直接测试干预措施的效果；与观察性研究相比，控制了更多的变量；提供"因果关系"的证据	研究结果只适用于参与测试的特定人群（例如，针对40～50岁女性的研究结果不适用于年轻男性）；通常时间短且费用高；出于伦理原因，无法验证许多假设
观察性研究	研究人员监测并观察大量人群，分析特定生活方式选择之间的关联（例如，多吃红肉的人是否更有可能罹患结直肠癌？）	使我们能够根据长期生活习惯预测疾病的发病风险；通常研究的是整个人群，并将其细分为不同的亚组，以观察不同人口统计特征（如年龄、性别、健康状况等）的影响；为进行随机对照试验提供依据	无法像随机对照试验那样有效地控制混杂变量；向我们展示了相关性而非因果关系（但并不总是这样！请参阅第197页）
动物研究	测试食物或营养素对一组动物（通常是大鼠）的影响	研究结果使我们能够更深入地理解干预措施对人类的潜在影响	如果没有得到确凿的人类证据的支持，这些研究结果不能应用于人类

(续表)

证据分级	描述	优点	局限性
体外研究	测试食物或营养素对一组人体细胞或组织的影响	研究结果使我们能够更深入地理解干预措施对人类的潜在影响	在没有获得完整的人体研究证据支持之前，这些研究结果不能应用于人类
专家意见	领域内有资质的专家根据他们的知识和经验给出理由或提出假设，而未引用相关研究（例如："我认为高胰岛素水平可能影响减重。"）	比非专业人士讲述的故事更可信	不属于客观证据
逸事	个人根据自己的经历做出的陈述（例如："对我来说唯一有效的方法就是戒糖，所以你也必须戒糖才能减肥。"）	没有优势	不属于客观证据

观察性研究与对照研究

营养学研究主要基于观察性数据。这可能是营养学研究中最有价值的部分。我将解释其中的原因。

根据上述证据分级，随机对照试验显然更有价值，不是吗？实际上，情况并没有那么简单。慢性疾病，如心血管疾病、2型糖尿病和脂肪肝，并不是几周内就能发生的，而是长期生活方式、环境和遗传因素共同作用的结果。比如，如果你想了解精制糖随着时间的推移是否会导致糖尿病，就需要设计一个随机对照试验：一组年轻的成年人每天摄入大量精制（或添加）糖，而另一组则不摄入这些糖分，同时确保两组参与者在其他食物摄入上保持一致。此外，必须对参与者进行至少20年的长期监控，其间还需要控制他们的活动水平，并详细记录他们摄入的每一种食物。这样的研究设计符合伦理吗？显然答案是否定的。另外，过量摄入精制糖对健康的长期影响在文献中已有明确描述——这种饮食习惯会显著增加肥胖、心血管疾病、糖尿病甚至某些癌症的发病风险。因此，开展此类研究意味着故意伤害参与者。而且，管理并监督这样一项长期研究，为了获取数据而等待20年，无论是时间成本还是经济成本，都将是极其高昂的。因此，在评估饮食中特定营养素或食物对疾病发病风险的影响时，我们通常基于观察大量人群（而不是强迫他们以某种方式行事）获得的观察性数据，然后分析该数据以发现饮食习惯与疾病发生率之间的关系。

尽管如此，随机对照试验在营养和健康领域仍然扮演着重要角色。再次以精制糖为例，我们可以检测生化指标和血液中炎症标志物的急性变化，以及精制糖对胰岛素水平、胰岛素抵抗和血糖水平的影响。如果细胞中的胰岛素抵抗持续超过4周，我们就可以推断，长期如此可能会增加患2型糖尿病的风险——因为胰岛素抵抗是糖尿病发病的一个关键因素。然而，只有基于多年的大规模观察性数据，我们才能得出具有科学依据的结论：精制糖含量高的饮食在未来更有可能导致糖尿病。这正是如何恰当地应用某个研究主题的现有证据的关键步骤。

需要澄清的是，我并不是说糖无论多少都会对健康有害。实际情况要复杂得多，我只是想通过一个例子来说明如何得出适当的结论。

大多数人并不太了解观察性数据的另一个方面，即相关性实际上可能意味着因果关系。也许你会觉得这听起来不太对劲。那么，让我们以吸烟和肺癌为例来探讨这一点。众所周知，吸烟是导致癌症的直接原因，但没有一项随机对照试验表明吸烟会导致肺癌。这怎么可能呢？当然不可能，因为我们无法强迫一群人吸烟20年，直到他们中的一些人患上肺癌。人类不是实验室里的小白鼠，我们也不能像对待实验室里的小白鼠那样对待人。生活是不受控制的，我们都有自己的选择。

我们之所以能够将吸烟视为肺癌的"原因"，是因为我们拥有的观察证据极其可靠。这些证据在多个不同的人群样本中得到了反复验证，几乎没有发现与之相矛盾的证据。这些证据背后有着合理且被广泛接受的生物学机制，且效应大小在临床上具有相关性（疾病发病风险的增加是显著的）。这些是将关联从相关性提升为因果关系的一些判断标准。

这就是为什么同时评估观察性数据和干预数据特别重要。许多人对研究的理解不够深入，如果研究结果不是来自随机对照试验，他们往往会持怀疑态度。在我的视频评论中，我经常看到这样一句话："有相关性并不意味着有因果关系。"然而，考虑到上述因素，我认为营养学是少数几个观察性数据实际上比随机对照试验更具研究价值的科学领域之一。

由行业资助的研究

我收到了成千上万条评论,并与许多人进行了无数次互动。这些人常常因为一些研究是"由行业资助"的,就轻易否定了科学证据。当证据与他们的假设或持有的偏见相悖时,他们常常会这样反驳,尤其是在讨论药物、肉类或乳制品对健康影响的时候。如今,虽然经济利益冲突确实可能影响研究,但仅仅出于这个原因就轻易否定证据是完全不合适的。

有几个复杂的原因可以解释为什么研究资金不能完全揭示事情的全貌。但最容易理解的一个原因可能是,在期刊上发表健康研究需要遵循许多程序,这些程序最大限度地减少了行业自助的影响。对大多数生物医学研究期刊来说,这一点尤为重要。现在这些期刊要求,作为发表研究的条件之一,研究者必须在公共数据库中预先注册临床试验。这意味着研究人员必须在研究成果发表之前提供研究的目的、具体任务、分析方法、研究地点和研究人员等信息。除此之外,许多期刊,比如《美国医学协会杂志》(*Journal of the American Medical Association*, *JAMA*),要求由行业资助的研究的数据分析必须由学术机构的独立统计学家而非公司的员工完成。[1] 同时,它们还要求至少有一名与赞助者无关的研究人员能够完全访问所有数据,负责数据的分析并保证数据的准确性。

此外,接受行业资助的研究人员可能会签订协议,承诺无论研究结果如何,都会发表。许多知名研究期刊都采用了这样的程序,这使得操纵数据变得困难。有些人不信任行业资助的研究,却忽视了政府资助的研究也可能有其背后的动机，比如出于政治目的。因此，当我们已经有大量科学综述深入探讨"非经济利益冲突"的影响时，忽视其他形式的利益冲突或动机是非常不合理的。这也是为什么"谁资助了研究"并不是判断研究有效性的一个可靠指标。

期刊往往对P值[①]较低（P<0.05）的研究数据更感兴趣，因为这意味着我们有超过95%的把握认为这些结果并非出于偶然，这表明了更强的效果或者关联性。私人机构有能力投资并进行更大规模、更多样本量的临床试验。这增强了研究的统计效能，使其更有可能发现不同治疗方法之间的差异（显著结果）。因此，即便没有违规行为，充足的研究资金也可能使发表的研究结果更倾向于行业资助的研究。

值得注意的是，如果某种产品在试验中展现出令私人资助者感到兴奋的初步证据，资助者更可能为该产品提供额外的试验资金。例如，资助者可能会先开展一项小规模的试点研究，如果这些初步证据令人鼓舞，他们可能会选择进行更大规模的相同研究。然而，如果初步证据显示效果不佳，资助者也可能决定不再资助该研究。这些决策在经济利益和研究结果之间建立了联系，但这种联系与不诚实或不当行为无关。

接下来要强调的一个关键点是，政府资助的研究往往没有足够的资金来开展大型的随机对照试验，因为这通常需要数百万英镑。因此，规模更大且影响力更广的研究可能需要依赖私人机构的资助。这在某些科学领域尤为明显，比如制药、肉类和乳制品行业。这种

[①] P值，统计学术语，用于衡量观察到的结果在统计上的显著性。P值的范围为0到1，一般以P<0.05为显著，以P<0.01为非常显著。

现象并不是由数据操纵引起的，而是受到成本的限制。此外，不应轻易否定行业资助的研究，因为还需要考虑到许多其他复杂的因素，比如操纵研究数据的难度、采用的统计检验方法以及研究本身的类型。例如，与那些涉及大量可变数据的复杂纵向研究相比，针对对照研究进行的 Meta 分析更难操纵。因此，保持客观、不让研究资金来源影响你的分析判断是明智的做法。一项关于在医学期刊中向同行评审者披露作者利益冲突声明效果的研究，就很好地说明了这一点。该研究发现，无论研究作者是否存在利益冲突，都不影响研究的平均质量评分。[2]

重要的是：过分关注研究是否由行业资助，往往会导致对其有效性的评估不可靠。你本可以拥有一项精心设计的、涵盖43项对照试验的 Meta 分析，但仅仅因为它的资金来源于一家在研究过程中没有实际参与的公司，就轻易地忽略了它的价值。这种行为——无视任何与自己偏见不符的证据，并持有缺乏科学依据的信念——正是所谓的"确认偏误（confirmation bias）"。相反，我们应该评估一项研究的科学价值，将所有证据作为一个整体来考虑，而不必过分担心其资金来源。

致谢

非常感谢劳拉·罗伯茨（Laura Roberts）女士（外科医生）为本书命名；感谢汉娜·赖莉（Hannah Reilly）医生在写作初期帮助我整理思路；同时，还要感谢阿莉莎·普拉丹（Alisha Pradhan）医生和米妮·卡雷尔（Mini Kharel）医生，她们的信任不仅为我的在线平台注入了活力，也为这本书的诞生提供了动力。

参考文献

引言

1 Statista Research Department, 'Share of Individuals in the United Kingdom seeking health information online from 2009 to 2020', 8 August 2023, https://www.statista.com/statistics/1236817/unitedkingdom-internet-users-seeking-health-information-online/.

2 G. Eysenbach et al., 'Empirical studies assessing the quality of health information for consumers on the World Wide Web: A systematic review', *JAMA*, 287(20), 2002, pp. 2691–700, https://doi.org/10.1001/jama.287.20.2691.

3 K. S. Hall et al., 'Systematic review of the prospective association of daily step counts with risk of mortality, cardiovascular disease, and dysglycemia', *International Journal of Behavioral Nutrition and Physical Act*, 17(1), 2020, article 78, https://doi.org/10.1186/s12966-020-00978-9.

真相与谎言

1 I. D'Andrea Meira et al., 'Ketogenic diet and epilepsy: What we know so far', *Frontiers in Neuroscience,* 13, 29 January 2019, p. 5, https://doi.org/10.3389/fnins.2019.00005.

2 K. D. Hall et al., 'Calorie for calorie, dietary fat restriction results in more body fat loss than carbohydrate restriction in people with obesity', Cell Metabolism, 22(3), September 2015, pp. 427–36, https://doi.org/10.1016/j.cmet.2015.07.021; K. D. Hall et al., 'Energy expenditure and body composition changes after an isocaloric ketogenic diet in overweight and obese men', *American Journal of Clinical Nutrition,* 104(2), August 2016, pp. 324–33, https://doi.org/10.3945/ajcn.116.133561.

3 D. S. Ludwig and C. B. Ebbeling, 'The carbohydrate-insulin model of obesity: Beyond "calories in, calories out"', *JAMA Internal Medicine,* 178(8), August 2018, pp. 1098–1103, https://doi.org/10.1001/jamainternmed.2018.2933.

4 E. A. Spencer et al., 'Diet and body mass index in 38000 EPICOxford meat-eaters, fish-eaters, vegetarians and vegans', *International Journal of Obesity and Related Metabolic Disorders,* 27(6), June 2003, pp. 728–34, https://doi.org/10.1038/sj.ijo.0802300.

5 J. S. Dybvik et al., 'Vegetarian and vegan diets and the risk of cardiovascular disease, ischemic heart disease and stroke: A systematic review and meta-analysis of prospective cohort studies', *European Journal of Nutrition*, 27 August 2022, pp. 51–69, https://doi.org/10.1007/s00394-022-02942-8.

6 D. Buettner and S. Skemp, 'Blue Zones: Lessons from the world's longest-lived', *American Journal of Lifestyle Medicine*, 10(5), July 2016, pp. 318–21, https://doi.org/10.1177/1559827616637066.

7 O. T. Mytton et al., 'Systematic review and meta-analysis of the effect of increased vegetable and fruit consumption on body weight and energy intake', BMC Public Health, 14(1), August 2014, p. 886, https://doi.org/10.1186/1471-2458-14-886; erratum in *BMC Public Health*, 17(1), August 2017, p. 662.

8 K. C. Maki et al., 'The Relationship between whole grain intake and body weight: Results of meta-analyses of observational studies and randomized controlled trials', *Nutrients*, 11(6), May 2019, p. 1245, https://doi.org/10.3390/nu11061245.

9 S. J. Kim et al., 'Effects of dietary pulse consumption on body weight: A systematic review and meta-analysis of randomized controlled trials', *American Journal of Clinical Nutrition*, 103(5), May 2016, pp. 1213–23, https://doi.org/10.3945/ajcn.115.124677.

10 Y. J. Choi et al., 'Impact of a ketogenic diet on metabolic parameters in patients with obesity or overweight and with or without type 2 diabetes: A meta-analysis of randomized controlled trials', *Nutrients*, 12(7), July 2020, https://doi.org/10.3390/nu12072005.

11 J. T. Batch et al., 'Advantages and disadvantages of the ketogenic diet: A review article', *Cureus*, 12(8), August 2020, e9639, https://doi.org/10.7759/cureus.9639.

12 J. B. Calton, 'Prevalence of micronutrient deficiency in popular diet plans', *Journal of the International Society of Sports Nutrition*, 7(1), June 2010, article 24, https://doi.org/10.1186/1550-2783-7-24.

13 J. Burén et al., 'A ketogenic low-carbohydrate high-fat diet increases LDL cholesterol in healthy, young, normal-weight women: A randomized controlled feeding trial', *Nutrients*, 13(3), March 2021, p. 814, https://doi.org/10.3390/nu13030814.

14 B. A. Ference et al., 'Low-density lipoproteins cause atherosclerotic cardiovascular disease. 1. Evidence from genetic, epidemiologic, and clinical studies. A consensus statement from the European Atherosclerosis Society Consensus Panel', *European Heart Journal*, 38(32), 2017, pp. 2459–72, https://doi.org/10.1093/eurheartj/ehx144.

15 M. Mazidi et al., 'Lower carbohydrate diets and all-cause and causespecific mortality: A population-based cohort study and pooling of prospective studies', *European Heart Journal*, 40(34), September 2019, pp. 2870–9, https://doi.org/10.1093/eurheartj/ehz174.

16 X. Wei, 'Intermittent Energy Restriction for Weight Loss: A Systematic Review of Cardiometabolic, Inflammatory and Appetite Outcomes', *Biological Research for Nursing*,

24(3), 2022, pp. 410–28, https://doi.org/10.1177/10998004221078079; L. Gu, 'Effects of Intermittent Fasting in Human Compared to a Non-intervention Diet and Caloric Restriction: A Meta-Analysis of Randomized Controlled Trials', *Frontiers in Nutrition*, 9, 2022, 871682, https://doi.org/10.3389/fnut.2022.871682.

17 E. F. Sutton et al., 'Early time-restricted feeding improves insulin sensitivity, blood pressure, and oxidative stress even without weight loss in men with prediabetes', *Cell Metabolism*, 27(6), June 2018, pp. 1212–21.e3, https://doi.org/10.1016/j.cmet.2018.04.010.

18 F. Antunes et al., 'Autophagy and intermittent fasting: the connection for cancer therapy?' *Clinics* (Sao Paulo), December 2018, 10;73(1), e814s, https://doi.org/10.6061/clinics/2018/e814s.

19 C. W. Cheng et al., 'Prolonged fasting reduces IGF-1/PKA to promote hematopoietic-stem-cell-based regeneration and reverse immunosuppression', *Cell Stem Cell*, 14(6), June 2014, pp. 810–23, https://doi.org/10.1016/j.stem.2014.04.014. Erratum in: *Cell Stem Cell*, 18(2), February 2018, pp. 291–2.

20 L. Fontana et al., 'Long-term effects of calorie or protein restriction on serum IGF-1 and IGFBP-3 concentration in humans', *Aging Cell*, 7(5), October 2008, pp. 681–7, https://doi.org/10.1111/j.1474-9726.2008.00417.x.

21 K. K. Clifton et al., 'Intermittent fasting in the prevention and treatment of cancer', *CA: A Cancer Journal for Clinicians*, 71(6), November 2021, pp. 527–46, https://doi.org/10.3322/caac.21694.

22 K. Cuccolo et al., 'Intermittent fasting implementation and association with eating disorder symptomatology', *Eating Disorders*, September–October 2022, 30(5), pp. 471–91, https://doi.org/10.1080/10640266.2021.1922145.

23 Precedence Research, 'Vegan Food Market', https://www.precedenceresearch.com/vegan-food-market.

24 J. R. Benatar and R. A. H. Stewart, 'Cardiometabolic risk factors in vegans: A meta-analysis of observational studies', *PLoS One*, 13(12), December 2018, e0209086, https://doi.org/10.1371/journal.pone.0209086.

25 J. Quek et al., 'The Association of Plant-Based Diet with Cardiovascular Disease and Mortality: A Meta-Analysis and Systematic Review of Prospect Cohort Studies', *Frontiers in Cardiovascular Medicine*, 8, November 2021, https://doi.org/10.3389/fcvm.2021.756810.

26 D. Rogerson et al., 'Contrasting Effects of Short-Term Mediterranean and Vegan Diets on Microvascular Function and Cholesterol in Younger Adults: A Comparative Pilot Study', *Nutrients*, 10(12), December 2018, p. 1897, https://doi.org/10.3390/nu10121897.

27 F. Sofi et al., 'Low-Calorie Vegetarian Versus Mediterranean Diets for Reducing Body Weight and Improving Cardiovascular Risk Profile: CARDIVEG Study (Cardiovascular

Prevention With Vegetarian Diet', *Circulation,* 137(11), March 2018, pp. 1103–13, https://doi.org/10.1161/CIRCULATIONAHA.117.030088.

28 R. Pawlak et al., 'The prevalence of cobalamin deficiency among vegetarians assessed by serum vitamin B12: a review of literature', *European Journal of Clinical Nutrition,* 68(5), May 2014, pp. 541–8, https://doi.org/10.1038/ejcn.2014.46. Erratum in: *European Journal of Clinical Nutrition,* 70(7), July 2016, p. 866.

29 R. Pawlak et al., 'Iron Status of Vegetarian Adults: A Review of Literature', *American Journal of Lifestyle Medicine,* 12(6), December 2016, pp. 486–98, https://doi.org/10.1177/1559827616682933.

30 D. Skolmowska and D. Głąbska, 'Analysis of Heme and Non-Heme Iron Intake and Iron Dietary Sources in Adolescent Menstruating Females in a National Polish Sample', *Nutrients,* 11(5), May 2019, pp. 1049, https://doi.org/10.3390/nu11051049.

31 T. A. Sanders, 'Growth and development of British vegan children', *American Journal of Clinical Nutrition,* 48(3), September 1988, p. 822–5, https://doi.org/10.1093/ajcn/48.3.822.

32 M. A. O'Connor et al., 'Vegetarianism in anorexia nervosa? A review of 116 consecutive cases', *Medical Journal of Australia,* 147(11–12), December 1987, pp. 540–2, https://doi.org/10.5694/j.1326-5377.1987.tb133677.x.

33 A. M. Bardone-Cone et al., 'The inter-relationships between vegetarianism and eating disorders among females', *Journal of the Academy of Nutrition and Dietetics,* 112(8), August 2012, pp. 1247–52, https://doi.org/10.1016/j.jand.2012.05.007.

34 I. Berrazaga et al., 'The Role of the Anabolic Properties of Plantversus Animal-Based Protein Sources in Supporting Muscle Mass Maintenance: A Critical Review', *Nutrients,* 11(8), August 2019, p. 1825, https://doi.org/10.3390/nu11081825.

35 P. J. Garlick, 'The role of leucine in the regulation of protein metabolism', *Journal of Nutrition,* 135(6), June 2005, pp. 1553S–6S, https://doi.org/10.1093/jn/135.6.1553S.

36 V. Hevia-Larraín et al., 'High-Protein Plant-Based Diet Versus a Protein-Matched Omnivorous Diet to Support Resistance Training Adaptations: A Comparison Between Habitual Vegans and Omnivores', *Sports Medicine,* 51(6), June 2021, pp. 1317–30, https://doi.org/10.1007/s40279-021-01434-9.

37 L. Herreman et al., 'Comprehensive overview of the quality of plant- and animal-sourced proteins based on the digestible indispensable amino acid score', *Food Science & Nutrition,* 8, 2020, pp. 5379–91, https://doi.org/10.1002/fsn3.1809.

38 J. Poore and T. Nemecek, 'Reducing food's environmental impacts through producers and consumers', *Science,* 360(6392), 1 June 2018, pp. 987–92, https://doi.org/10.1126/science.aaq0216. Erratum in: Science, 363(6429), February 2019.

39 A. Shepon et al., 'Energy and protein feed-to-food conversion efficiencies in the US and potential food security gains from dietary changes', *Environmental Research Letters,* 11(10), 2018, 105002, https://doi.org/10.1088/1748-9326/11/10/105002.

40 R. Wang and S. Guo, 'Phytic acid and its interactions: Contributions to protein functionality, food processing, and safety', *Comprehensive Reviews in Food Science and Food Safety*, 20(2), March 2021, pp. 2081–2105, https://doi.org/10.1111/1541-4337.12714.

41 L. Shi et al., 'Changes in levels of phytic acid, lectins and oxalates during soaking and cooking of Canadian pulses', *Food Research International*, 107, May 2018, pp. 660–8, https://doi.org/10.1016/j.foodres.2018.02.056.

42 A. Kumar et al., 'Phytic acid: Blessing in disguise, a prime compound required for both plant and human nutrition', *Food Research International*, 142, April 2021, article 110193, https://doi.org/10.1016/j.foodres.2021.110193.

43 E. B. Nchanji and O. C. Ageyo, 'Do Common Beans (Phaseolus vulgaris L.) Promote Good Health in Humans? A Systematic Review and Meta-Analysis of Clinical and Randomized Controlled Trials', *Nutrients*, 13(11), October 2021, p. 3701, https://doi.org/10.3390/nu13113701.

44 Z. Y. Liu et al., 'Trimethylamine N-oxide, a gut microbiota-dependent metabolite of choline, is positively associated with the risk of primary liver cancer: a case-control study', *Nutrition & Metabolism*, 15, November 2018, p. 81, https://doi.org/10.1186/s12986-018-0319-2.

45 V. Fiorito et al., 'The Multifaceted Role of Heme in Cancer', *Frontiers in Oncology*, 9, January 2020, p. 1540, https://doi.org/10.3389/fonc.2019.01540.

46 M. Khazaei, 'Chronic Low-grade Inflammation after Exercise: Controversies', *Iranian Journal of Basic Medical Sciences*, 15(5), September 2012, pp. 1008–9, https://pubmed.ncbi.nlm.nih.gov/23495361.

47 H. Okada et al., 'The "hygiene hypothesis" for autoimmune and allergic diseases: An update', *Clinical & Experimental Immunology*, 160(1), April 2010, pp. 1–9, https://doi.org/10.1111/j.1365-2249.2010.04139.x.

48 T. C. Wallace et al., 'Fruits, vegetables, and health: A comprehensive narrative, umbrella review of the science and recommendations for enhanced public policy to improve intake', *Critical Reviews in Food Science and Nutrition*, 60(13), 2020, pp. 2174–2211, https://doi.org/10.1080/10408398.2019.1632258.

49 N. F. Aykan, 'Red Meat and Colorectal Cancer', *Oncology Reviews*, 9(1), December 2015, p. 288, https://doi.org/10.4081/oncol.2015.288.

50 L. Hooper et al., 'Reduction in saturated fat intake for cardiovascular disease', *Cochrane Database of Systematic Reviews*, 5(5), May 2020, CD011737, https://doi.org/10.1002/14651858.CD011737.pub2.

51 N. Becerra-Tomás et al., 'Mediterranean diet, cardiovascular disease and mortality in diabetes: A systematic review and meta-analysis of prospective cohort studies and randomized clinical trials', *Critical Reviews in Food Science and Nutrition*, 60(7), 2020, pp. 1207–27, https://doi.org/10.1080/10408398.2019.1565281.

52 K. Esposito et al., 'Mediterranean diet and weight loss: meta-analysis of randomized controlled trials', *Metabolic Syndrome and Related Disorders,* 9(1), February 2011, pp. 1–12, https://doi.org/10.1089/met.2010.0031.

53 L. Cusack et al., 'Blood type diets lack supporting evidence: a systematic review', *American Journal of Clinical Nutrition,* 98(1), July 2013, pp. 99–104, https://doi.org/10.3945/ajcn.113.058693.

54 J. Wang et al., 'ABO genotype, "blood-type" diet and cardiometabolic risk factors', *PLoS One,* 9(1), January 2014, e84749, https://doi.org/10.1371/journal.pone.0084749.

55 L. L. Hamm et al., 'Acid-Base Homeostasis', *Clinical Journal of the American Society of Nephrology,* 10(12), December 2015, pp. 2232–42, https://doi.org/10.2215/CJN.07400715.

56 T. R. Fenton and T. Huang, 'Systematic review of the association between dietary acid load, alkaline water and cancer', *BMJ Open,* 6(6), June 2016, e010438, https://doi.org/10.1136/bmjopen-2015-010438.

57 F. Gholami et al., 'Dietary Acid Load and Bone Health: A Systematic Review and Meta-Analysis of Observational Studies', *Frontiers in Nutrition,* May 2022, https://doi.org/10.3389/fnut.2022.869132.

58 D. N. Juurlink, 'Activated charcoal for acute overdose: a reappraisal', *British Journal of Clinical Pharmacology,* 81(3), March 2018, pp. 482–7, https://doi.org/10.1111/bcp.12793.

59 D. M. Grant, 'Detoxification pathways in the liver', Journal of Inherited Metabolic Disease, 14(4), 1991, pp. 421–30, https://doi.org/10.1007/BF01797915; X. X. Liu et al., 'Decreased skin-mediated detoxification contributes to oxidative stress and insulin resistance', *Experimental Diabetes Research,* 2012, e128694, https://doi.org/10.1155/2012/128694.

60 S. Kraljevic´ Pavelic´ et al., 'Clinical Evaluation of a Defined Zeolite-Clinoptilolite Supplementation Effect on the Selected Blood Parameters of Patients', *Frontiers in Medicine (Lausanne),* 9, May 2022, e851782, https://doi.org/10.3389/fmed.2022.851782.

61 S. M. Phillips et al., 'Protein "requirements" beyond the RDA: implications for optimizing health', *Applied Physiology,* Nutrition, and Metabolism, 41(5), May 2016, pp. 565–72, https://doi.org/10.1139/apnm-2015-0550. Erratum in: *Applied Physiology, Nutrition, and Metabolism,* 47(5), May 2022, p. 615.

62 R. W. Morton et al., 'A systematic review, meta-analysis and metaregression of the effect of protein supplementation on resistance training-induced gains in muscle mass and strength in healthy adults', *British Journal of Sports Medicine,* 52(6), March 2018, pp. 376–84, https://doi.org/10.1136/bjsports-2017-097608. Erratum in: British Journal of Sports Medicine, 54(19), October 2020, e7.

63 A. J. Hector and S. M. Phillips, 'Protein Recommendations for Weight Loss in Elite

Athletes: A Focus on Body Composition and Performance', *International Journal of Sport Nutrition and Exercise Metabolism,* 28(2), March 2018, pp. 170–7, https://doi.org/10.1123/ijsnem.2017-0273.

64 B. J. Schoenfeld and A. A. Aragon, 'How much protein can the body use in a single meal for muscle-building? Implications for daily protein distribution', *Journal of the International Society of Sports Nutrition,* 15, 2018, https://doi.org/10.1186/s12970-018-0215-1.

65 B. C. Johnston et al., 'Comparison of weight loss among named diet programs in overweight and obese adults: a meta-analysis', *JAMA,* 312(9), September 2014, pp. 923–33, https://doi.org/10.1001/jama.2014.10397; L. Ge et al., 'Comparison of dietary macronutrient patterns of 14 popular named dietary programmes for weight and cardiovascular risk factor reduction in adults: systematic review and network meta-analysis of randomised trials', *BMJ,* April 2020, m696, https://doi.org/10.1136/bmj.m696.

炎症："火"从口入

1 B. S. Rett and J. Whelan, 'Increasing dietary linoleic acid does not increase tissue arachidonic acid content in adults consuming Western-type diets: A systematic review', *Nutrition & Metabolism,* 10, June 2011, p. 36, https://doi.org/10.1186/1743-7075-8-36.

2 H. Tallima and R. El Ridi, 'Arachidonic acid: Physiological roles and potential health benefits – A review', *Journal of Advanced Research,* 11, November 2017, pp. 33–41, https://doi.org/10.1016/j.jare.2017.11.004.

3 J. K. Innes and P. C. Calder, 'Omega-6 fatty acids and inflammation', Prostaglandins, *Leukotrienes & Essential Fatty Acids,* 132, May 2018, pp. 41–8, https://doi.org/10.1016/j.plefa.2018.03.004.

4 S. M. Ajabnoor et al., 'Long-term effects of increasing omega-3, omega-6 and total polyunsaturated fats on inflammatory bowel disease and markers of inflammation: A systematic review and meta-analysis of randomized controlled trials', *European Journal of Nutrition,* 60(5), August 2021, pp. 2293–316, https://doi.org/10.1007/s00394-020-02413-y.

5 L. Schwingshackl et al., 'Effects of oils and solid fats on blood lipids: A systematic review and network meta-analysis', *Journal of Lipid Research,* 59(9), September 2018, pp. 1771–82, https://doi.org/10.1194/jlr.P085522.

6 V. H. Telle-Hansen et al., 'Does dietary fat affect inflammatory markers in overweight and obese individuals? – A review of randomized controlled trials from 2010 to 2016', *Genes & Nutrition,* 12, October 2017, p. 26, https://doi.org/10.1186/s12263-017-0580-4.

7 R. J. de Souza et al., 'Intake of saturated and trans unsaturated fatty acids and risk of all cause mortality, cardiovascular disease, and type 2 diabetes: Systematic review and meta-analysis of observational studies', *BMJ,* 351, August 2015, h3978, https://doi.

org/10.1136/bmj.h3978.

8 S. Santos et al., 'Systematic review of saturated fatty acids on inflammation and circulating levels of adipokines', *Nutrition Research,* 33(9), September 2013, pp. 687–95, https://doi.org/10.1016/j.nutres.2013.07.002.

9 J. Praagman et al., 'Consumption of individual saturated fatty acids and the risk of myocardial infarction in a UK and a Danish cohort', *International Journal of Cardiology,* 279, March 2019, pp. 18–26, https://doi.org/10.1016/j.ijcard.2018.10.064.

10 R. Mensink, 'Effects of saturated fatty acids on serum lipids and lipoproteins: A systematic review and regression analysis', Geneva, World Health Organization, 2016.

11 R. T. Zijlstra, 'Binding Fatty Acids into Indigestible Calcium Soap: Removing a Piece of Pie', *Journal of Nutrition,* 151(5), May 2021, pp. 1053–4, https://doi.org/10.1093/jn/nxab045.

12 A. Bordoni et al., 'Dairy products and inflammation: A review of the clinical evidence', *Critical Reviews in Food Science and Nutrition,* 57(12), August 2017, pp. 2497–525, https://doi.org/10.1080/10408398.2014.967385.

13 S. P. Moosavian et al., 'Effects of dairy products consumption on inflammatory biomarkers among adults: A systematic review and meta-analysis of randomized controlled trials', Nutrition, *Metabolism & Cardiovascular Diseases,* 30(6), June 2020, pp. 872–88, https://doi.org/10.1016/j.numecd.2020.01.011.

14 Y. Kim and C. W. Park, 'Mechanisms of Adiponectin Action: Implication of Adiponectin Receptor Agonism in Diabetic Kidney Disease', *International Journal of Molecular Sciences,* 20(7), April 2019, p. 1782, https://doi.org/10.3390/ijms20071782.

15 C. Liang et al., 'Leucine Modulates Mitochondrial Biogenesis and SIRT1-AMPK Signaling in C2C12 Myotubes', *Journal of Nutrition and Metabolism,* 2014, 239750, https://doi.org/10.1155/2014/239750.

16 X. Zhang et al., 'Milk consumption and multiple health outcomes: Umbrella review of systematic reviews and meta-analyses in humans', *Nutrition & Metabolism,* 18(1), January 2021, p. 7, https://doi.org/10.1186/s12986-020-00527-y.

17 L. B. Sørensen et al., 'Effect of sucrose on inflammatory markers in overweight humans', *American Journal of Clinical Nutrition,* 82(2), August 2005, pp. 421–7, https://doi.org/10.1093/ajcn.82.2.421.

18 K. W. Della Corte et al., 'Effect of Dietary Sugar Intake on Biomarkers of Subclinical Inflammation: A Systematic Review and Meta-Analysis of Intervention Studies', *Nutrients,* 10(5), May 2018, p. 606, https://doi.org/10.3390/nu10050606.

19 G. Caio et al., 'Celiac disease: A comprehensive current review', *BMC Medicine,* 17(1), July 2019, p. 142, https://doi.org/10.1186/s12916-019-1380-z.

20 U. Volta et al., 'Study Group for Non-Celiac Gluten Sensitivity. An Italian prospective multicenter survey on patients suspected of having non-celiac gluten sensitivity', *BMC Medicine,* 12, May 2014, p. 85, https://doi.org/10.1186/1741-7015-12-85.

21 R. Krysiak et al., 'The Effect of Gluten-Free Diet on Thyroid Autoimmunity in Drug-Naïve Women with Hashimoto's Thyroiditis: A Pilot Study', *Experimental and Clinical Endocrinology & Diabetes,* 127(7), July 2019, pp. 417–22, https://doi.org/10.1055/a-0653-7108.

22 B. Niland and B. D. Cash, 'Health Benefits and Adverse Effects of a Gluten-Free Diet in Non-Celiac Disease Patients', *Gastroenterology & Hepatology,* 14(2), February 2018, pp. 82–91, https://pubmed.ncbi.nlm.nih.gov/29606920.

23 B. Lebwohl et al., 'Long term gluten consumption in adults without celiac disease and risk of coronary heart disease: prospective cohort study', *BMJ,* 357, May 2017, j1892, https://doi.org/10.1136/bmj.j1892.

24 B. Missbach et al., 'Gluten-free food database: the nutritional quality and cost of packaged gluten-free foods', *PeerJ,* October 2015, e1337, https://doi.org/10.7717/peerj.1337; A. Cardo et al., 'Nutritional Imbalances in Adult Celiac Patients Following a Gluten-Free Diet', *Nutrients,* 13(8), August 2021, p. 2877, https://doi.org/10.3390/nu13082877.

25 T. Suzuki, 'Regulation of the intestinal barrier by nutrients: The role of tight junctions', *Animal Science Journal,* 91(1), 2020, e13357, https://doi.org/10.1111/asj.13357.

26 P. H. Liu et al., 'Dietary Gluten Intake and Risk of Microscopic Colitis Among US Women without Celiac Disease: A Prospective Cohort Study', *American Journal of Gastroenterology,* 114(1), January 2019, pp. 127–34, https://doi.org/10.1038/s41395-018-0267-5. Erratum in: American Journal of Gastroenterology, 114(5), May 2019, p. 837.

27 H. K. F. Henriques et al., 'Gluten-Free Diet Reduces Diet Quality and Increases Inflammatory Potential in Non-Celiac Healthy Women', *Journal of the American Nutrition Association,* 13, September 2021, pp. 1–9, https://doi.org/10.1080/07315724.2021.1962769.

28 J. Singh and K. Whelan, 'Limited availability and higher cost of gluten-free foods', *Journal of Human Nutrition and Dietetics,* 24(5), October 2011, pp. 479–86, https://doi.org/10.1111/j.1365-277X.2011.01160.x.

29 R. Pahwa et al., *Chronic Inflammation,* https://www.ncbi.nlm.nih.gov/books/NBK493173.

30 M. S. Ellulu et al., 'Obesity and inflammation: The linking mechanism and the complications', 13(4), *Archives of Medical Science,* June 2017, pp. 851–63, https://doi.org/10.5114/aoms.2016.58928.

31 R. Monteiro and I. Azevedo, 'Chronic inflammation in obesity and the metabolic syndrome', *Mediators of Inflammation,* 2010, e289645, https://doi.org/10.1155/2010/289645.

32 A. S. Greenstein et al., 'Local inflammation and hypoxia abolish the protective anticontractile properties of perivascular fat in obese patients',

Circulation, 119(12), March 2009, pp. 1661–70, https://doi.org/10.1161/CIRCULATIONAHA.108.821181.

33 H. Kord Varkaneh et al., 'Dietary inflammatory index in relation to obesity and body mass index: A meta-analysis', *Nutrition & Food Science,* 48(5), 2018, pp. 702–21, https://doi.org/10.1108/NFS-09-2017-0203; M. A. Farhangi and M. Vajdi, 'The association between dietary inflammatory index and risk of central obesity in adults: An updated systematic review and meta-analysis', *International Journal for Vitamin and Nutrition Research,* 90(5–6), October 2020, pp. 535–52, https://doi.org/10.1024/0300-9831/a000648.

34 G. Talamonti et al., 'Aulus Cornelius Celsus and the Head Injuries', *World Neurosurgery,* 133, January 2020, pp. 127–34, https://doi.org/10.1016/j.wneu.2019.09.119.

35 P. M. Ridker et al., 'CANTOS Trial Group. Antiinflammatory Therapy with Canakinumab for Atherosclerotic Disease', *New England Journal of Medicine,* 377(12), September 2017, pp. 1119–31, https://doi.org/10.1056/NEJMoa1707914.

36 N. Shivappa et al., 'Designing and developing a literature-derived, population-based dietary inflammatory index', 17(8), *Public Health Nutrition,* August 2014, pp. 1689–96, https://doi.org/10.1017/S1368980013002115.

37 J. R. Hebert and L. J. Hofseth, *Diet Inflammation and Health,* Elsevier, 2022, p. 788.

38 R. Ginwala et al., 'Potential Role of Flavonoids in Treating Chronic Inflammatory Diseases with a Special Focus on the Anti-Inflammatory Activity of Apigenin', *Antioxidants* (Basel), 8(2), February 2019, p. 35, https://doi.org/10.3390/antiox8020035.

39 R. M. Uncles et al., 'Effects of red raspberry polyphenols and metabolites on the biomarkers of inflammation and insulin resistance in type 2 diabetes: A pilot study', *Food & Function,* 9, 2022, pp. 5166–76, https://doi.org/10.1039/D1FO02090K.

40 S. Kumar and A. K. Pandey, 'Chemistry and biological activities of flavonoids: An overview', *The Scientific World Journal,* December 2013, 162750, https://doi.org/10.1155/2013/162750.

41 A. Constantinou et al., 'Genistein inactivates bcl-2, delays the G2/M phase of the cell cycle, and induces apoptosis of human breast adenocarcinoma MCF-7 cells', *European Journal of Cancer,* 34(12), November 1998, pp. 1927–34, https://doi.org/10.1016/s0959-8049(98)00198-1.

42 A. Kaulmann and T. Bohn, 'Carotenoids, inflammation, and oxidative stress – implications of cellular signaling pathways and relation to chronic disease prevention', *Nutrition Research,* 34(11), November 2014, pp. 907–29, https://doi.org/10.1016/j.nutres.2014.07.010.

43 H. Zhou H et al., 'Saturated Fatty Acids in Obesity-Associated Inflammation', *Journal of Inflammation Research,* 13, January 2020, pp. 1–14, https://doi.org/10.2147/JIR.S229691.

44 C. J. Masson and R. P. Mensink, 'Exchanging saturated fatty acids for (n-6) polyunsaturated fatty acids in a mixed meal may decrease postprandial lipemia and markers of inflammation and endothelial activity in overweight men', *Journal of Nutrition,* 141(5), May 2011, pp. 816–21, https://doi.org/10.3945/jn.110.136432.

45 B. Sears and A. K. Saha, 'Dietary Control of Inflammation and Resolution', *Frontiers in Nutrition,* 8, August 2021, 709435, https://doi.org/10.3389/fnut.2021.709435.

46 J. Most et al., 'Calorie restriction in humans: An update', *Ageing Research Reviews,* 39, October 2017, pp. 36–45, https://doi.org/10.1016/j.arr.2016.08.005.

47 W. E. Kraus et al., '2 years of calorie restriction and cardiometabolic risk (CALERIE), exploratory outcomes of a multicentre, phase 2, randomised controlled trial', *Lancet Diabetes Endocrinology,* 7(9), September 2019, pp. 673–83, https://doi.org/10.1016/S2213-8587(19)30151-2.

48 P. Li et al., 'Amino acids and immune function', *British Journal of Nutrition,* 98(2), August 2007, pp. 237–52, https://doi.org/10.1017/S000711450769936X.

49 P. Newsholme, 'Cellular and metabolic mechanisms of nutrient actions in immune function', *European Journal of Clinical Nutrition,* September 2021, 75(9), pp. 1328–31, https://doi.org/10.1038/s41430-021-00960-z.

50 O. C. Witard et al., 'Protein Considerations for Optimising Skeletal Muscle Mass in Healthy Young and Older Adults', *Nutrients,* 8(4), March 2016, p. 181, https://doi.org/10.3390/nu8040181.

51 P. C. Calder, 'Omega-3 fatty acids and inflammatory processes', *Nutrients,* 2(3), March 2010, pp. 355–74, https://doi.org/10.3390/nu2030355.

52 J. K. Kiecolt-Glaser et al., 'Omega-3 supplementation lowers inflammation and anxiety in medical students: a randomized controlled trial', *Brain, Behavior, and Immunity,* 25(8), November 2011, pp. 1725–34, https://doi.org/10.1016/j.bbi.2011.07.229.

53 P. C. Calder, 'Omega-3 fatty acids and inflammatory processes: from molecules to man', *Biochemical Society Transactions,* 15;45(5), October 2017, pp. 1105–15, https://doi.org/10.1042/BST20160474.

54 K. Ganesan and B. Xu, 'Polyphenol-Rich Lentils and Their Health Promoting Effects', *International Journal of Molecular Sciences,* 18(11), November 2017, 10; p. 2390, https://doi.org/10.3390/ijms18112390.

55 L. S. McAnulty, et al., 'Effect of blueberry ingestion on natural killer cell counts, oxidative stress, and inflammation prior to and after 2.5 h of running', *Applied Physiology, Nutrition, and Metabolism,* December 2011, 36(6), pp. 976–84, https://doi.org/10.1139/h11-120.

体重：关于肥胖的争论

1 '45% of people globally are currently trying to lose weight', Ipsos, 18 January 2021, https://www.ipsos.com/en/global-weight-and-actions.

2 A. E. Achari and S. K. Jain, 'Adiponectin, a Therapeutic Target for Obesity, Diabetes, and Endothelial Dysfunction', *International Journal of Molecular Sciences*, 18(6), June 2017, p. 1321, https://doi.org/10.3390/ijms18061321.

3 C. D. Fryar et al., 'Prevalence of overweight, obesity, and severe obesity among adults aged 20 and over: United States, 1960–1962 through 2017–2018', NCHS Health E-Stats, Centers for Disease Control and Prevention, 2020, updated 8 February 2021 (accessed October 2022), www.cdc.gov/nchs/data/hestat/obesity-adult-17-18/obesity-adult.htm.

4 S. P. Messier et al., 'Weight loss reduces knee-joint loads in overweight and obese older adults with knee osteoarthritis', *Arthritis & Rheumatology*, 52(7), July 2005, pp. 2026–32, https://doi.org/10.1002/art.21139.

5 D. B. Sarwer and H. M. Polonsky, 'The Psychosocial Burden of Obesity', *Endocrinology and Metabolism Clinics of North America*, 45(3), September 2016, pp. 677–88, https://doi.org/10.1016/j.ecl.2016.04.016.

6 M. S. Kim et al., 'Association between adiposity and cardiovascular outcomes: an umbrella review and meta-analysis of observational and Mendelian randomization studies', *European Heart Journal*, 42(34), September 2021, pp. 3388–403, https://doi.org/10.1093/eurheartj/ehab454.

7 A. Jayedi et al., 'Anthropometric and adiposity indicators and risk of type 2 diabetes: systematic review and dose-response meta-analysis of cohort studies', *BMJ*, 376, 2022, e067516, https://doi.org/10.1136/bmj-2021-067516.

8 M. Blagojevic et al., 'Risk factors for onset of osteoarthritis of the knee in older adults: A systematic review and meta-analysis', *Osteoarthritis and Cartilage*, 18(1), January 2010, pp. 24–33, https://doi.org/10.1016/j.joca.2009.08.010.

9 F. S. Luppino et al., 'Overweight, obesity, and depression: a systematic review and meta-analysis of longitudinal studies', *Archives of General Psychiatry*, 67(3), March 2010, pp. 220–9, https://doi.org/10.1001/archgenpsychiatry.2010.2.

10 M. Dobbins et al., 'The Association between Obesity and Cancer Risk: A Meta-Analysis of Observational Studies from 1985 to 2011', *ISRN Preventive Medicine*, April 2013, 680536, https://doi.org/10.5402/2013/680536.

11 A. Abdullah et al., 'The magnitude of association between overweight and obesity and the risk of diabetes: a meta-analysis of prospective cohort studies', *Diabetes Research and Clinical Practice*, 89(3), September 2010, pp. 309–19, https://doi.org/10.1016/j.diabres.2010.04.012.

12 M. Dobbins et al. (2013).

13 G. Lippi and Mattiuzzi, 'Fried food and prostate cancer risk: Systematic review and meta-analysis', *International Journal of Food Sciences and Nutrition*, 66(5), 2015, pp. 587–9, https://doi.org/10.3109/09637486.2015.1056111.

14 M. Blüher, 'Metabolically Healthy Obesity', *Endocrine Reviews*, 41(3), May 2020,

bnaa004, https://doi.org/10.1210/endrev/bnaa004.
15 F. Caleyachetty et al., 'Metabolically Healthy Obese and Incident Cardiovascular Disease Events Among 3.5 Million Men and Women', *Journal of the American College of Cardiology,* 70(12), September 2017, pp. 1429–37, https://doi.org/10.1016/j.jacc.2017.07.763.
16 R. Zheng et al., 'The long-term prognosis of cardiovascular disease and all-cause mortality for metabolically healthy obesity: A systematic review and meta-analysis', *Journal of Epidemiology and Community Health,* 70(10), October 2016, pp. 1024–31, https://doi.org/10.1136/jech-2015-206948; J. A. Bell et al., 'Metabolically healthy obesity and risk of incident type 2 diabetes: A meta-analysis of prospective cohort studies', *Obesity Reviews,* June 2014, 15(6), pp. 504–15, https://doi.org/10.1111/obr.12157.
17 E. A. Willis et al., 'Increased frequency of intentional weight loss associated with reduced mortality: a prospective cohort analysis', *BMC Medicine,* 18(1), September 2020, p. 248, https://doi.org/10.1186/s12916-020-01716-5.
18 J. Davis et al., 'Relationship of ethnicity and body mass index with the development of hypertension and hyperlipidemia', *Ethnicity & Disease,* 23(1), winter 2013, pp. 65–70, https://pubmed.ncbi.nlm.nih.gov/23495624/.
19 P. Misra et al., 'Relationship between body mass index and percentage of body fat, estimated by bio-electrical impedance among adult females in a rural community of North India: A cross-sectional study', *Journal of Postgraduate Medicine,* 65(3), Summer 2019, pp. 134–140, https://doi.org/10.4103/jpgm.JPGM_218_18; M. O. Akindele et al., 'The Relationship Between Body Fat Percentage and Body Mass Index in Overweight and Obese Individuals in an Urban African Setting', *Journal of Public Health in Africa,* 7(1), August 2016, p. 515, https://doi.org/10.4081/jphia.2016.515.
20 C. Ranasinghe et al., 'Relationship between Body Mass Index (BMI) and body fat percentage, estimated by bioelectrical impedance, in a group of Sri Lankan adults: a cross sectional study', *BMC Public Health,* 13, September 2013, p. 797, https://doi.org/10.1186/1471-2458-13-797.
21 Y. Chen et al., 'Weight loss increases all-cause mortality in overweight or obese patients with diabetes: A meta-analysis', Medicine (Baltimore), 97(35), August 2018, e12075, https://doi.org/10.1097/MD.0000000000012075; A. Huang et al., 'Association of magnitude of weight loss and weight variability with mortality and major cardiovascular events among individuals with type 2 diabetes mellitus: A systematic review and meta-analysis', *Cardiovascular Diabetology,* 21, 2022, p. 78, https://doi.org/10.1186/s12933-022-01503-x.
22 A. N. Fabricatore et al., 'Intentional weight loss and changes in symptoms of depression: a systematic review and meta-analysis', *International Journal of Obesity,* 35(11), November 2011, pp. 1363–76, https://doi.org/10.1038/ijo.2011.2; S. B. Kritchevsky

et al., 'Intentional weight loss and all-cause mortality: A meta-analysis of randomized clinical trials', *PLoS One*, 10(3), March 2015, e0121993, https://doi.org/10.1371/journal.pone.0121993.

23 R. S. Surwit et al., 'Metabolic and behavioral effects of a high-sucrose diet during weight loss', *American Journal of Clinical Nutrition*, 65(4), April 1997, pp. 908–15, https://doi.org/10.1093/ajcn/65.4.908.

24 Jane Fritsch, '95% regain lost weight, or do they?', *New York Times*, 25 May 1999, https://www.nytimes.com/1999/05/25/health/95-regainlost-weight-or-do-they.html.

25 D. H. Ryan and S. R. Yockey, 'Weight Loss and Improvement in Comorbidity: Differences at 5%, 10%, 15%, and Over', *Current Obesity Reports*, 6(2), June 2017, pp. 187–94, https://doi.org/10.1007/s13679-017-0262-y.

26 J. W. Anderson et al., 'Long-term weight-loss maintenance: a meta-analysis of US studies', *American Journal of Clinical Nutrition*, November 2001, 74(5), pp. 579–84, https://doi.org/10.1093/ajcn/74.5.579.

27 M. M. Ibrahim, 'Subcutaneous and visceral adipose tissue: structural and functional differences', *Obesity Reviews*, 11(1), January 2010, pp. 11–8, https://doi.org/10.1111/j.1467-789X.2009.00623.x.

28 A. Jayedi et al., 'Central fatness and risk of all cause mortality: Systematic review and dose-response meta-analysis of 72 prospective cohort studies', *BMJ*, 370, September 2020, m3324, https://doi.org/10.1136/bmj.m3324.

29 R. J. Verheggen et al., 'A systematic review and meta-analysis on the effects of exercise training versus hypocaloric diet: Distinct effects on body weight and visceral adipose tissue', *Obesity Reviews*, 17(8), August 2016, pp. 664–90, https://doi.org/10.1111/obr.12406.

30 A. Bellicha et al., 'Effect of exercise training on weight loss, body composition changes, and weight maintenance in adults with overweight or obesity: An overview of 12 systematic reviews and 149 studies', *Obesity Reviews*, July 2021, 22(S4), e13256, https://doi.org/10.1111/obr.13256.

31 A. S. Wedell-Neergaard et al., 'Exercise-Induced Changes in Visceral Adipose Tissue Mass Are Regulated by IL-6 Signaling: A Randomized Controlled Trial', *Cell Metabolism*, 29(4), April 2019, pp. 844–55, e3, https://doi.org/10.1016/j.cmet.2018.12.007.

32 A. Tchernof and J. P. Després, 'Pathophysiology of human visceral obesity: An update', *Physiological Reviews*, 93(1), January 2013, pp. 359–404, https://doi.org/10.1152/physrev.00033.2011.

33 Y. H. Chang et al., 'Effect of exercise intervention dosage on reducing visceral adipose tissue: A systematic review and network meta-analysis of randomized controlled trials', *International Journal of Obesity* (London), 45(5), May 2021, pp. 982–97, https://doi.org/10.1038/s41366-021-00767-9. Erratum in: *International Journal of Obesity*, 46(4),

April 2022, p. 890.
34 A. M. Goss et al., 'Effects of diet macronutrient composition on body composition and fat distribution during weight maintenance and weight loss', *Obesity* (Silver Spring), 21(6), June 2013, pp. 1139–42, https://doi.org/10.1002/oby.20191.
35 P. K. Luukkonen et al., 'Saturated Fat Is More Metabolically Harmful for the Human Liver Than Unsaturated Fat or Simple Sugars', *Diabetes Care*, 41(8), August 2018, pp. 1732–9, https://doi.org/10.2337/dc18-0071.
36 K. Y. Park et al., 'Relationship between abdominal obesity and alcohol drinking pattern in normal-weight, middle-aged adults: The Korea National Health and Nutrition Examination Survey 2008–2013', *Public Health Nutrition*, 20(12), August 2017, pp. 2192–200, https://doi.org/10.1017/S1368980017001045; H. Schröder et al., 'Relationship of abdominal obesity with alcohol consumption at population scale', *European Journal of Nutrition*, 46(7), 2007, pp. 369–76, https://doi.org/10.1007/s00394-007-0674-7.
37 J. K. Kiecolt-Glaser et al., 'Daily stressors, past depression, and metabolic responses to high-fat meals: A novel path to obesity', *Biological Psychiatry*, 77(7), April 2015, pp. 653–60, https://doi.org/10.1016/j.biopsych.2014.05.018.
38 J. A. Swift et al., 'Weight bias among UK trainee dietitians, doctors, nurses and nutritionists', *Journal of Human Nutrition and Dietetics*, 26(4), August 2013, pp. 395–402, https://doi.org/10.1111/jhn.12019.
39 N. A. Schvey et al., 'The impact of weight stigma on caloric consumption', Obesity (Silver Spring), 19(10), October 2011, pp. 1957–62, https://doi.org/10.1038/oby.2011.204.
40 K. M. Lee et al., 'Weight stigma and health behaviors: evidence from the Eating in America Study', *International Journal of Obesity*, 45, 2021, 1499–1509, https://doi.org/10.1038/s41366-021-00814-5.
41 E. Karra et al., 'A link between FTO, ghrelin, and impaired brain food-cue responsivity', *Journal of Clinical Investigation*, August 2013, 123(8), pp. 3539–51, https://doi.org/10.1172/JCI44403. Epub 15 July 2015. PMID: 23867619; PMCID: PMC3726147.
42 A.J. Stunkard et al., 'The body-mass index of twins who have been reared apart', *New England Journal of Medicine*, 322(21), May 1990, pp. 1483–7, https://doi.org/10.1056/NEJM199005243222102.
43 S. M. Mason et al., 'Abuse victimization in childhood or adolescence and risk of food addiction in adult women', *Obesity* (Silver Spring), 21(12), December 2013, e775–81, https://doi.org/10.1002/oby.20500.
44 N. Parekh et al., 'Food insecurity among households with children during the COVID-19 pandemic: Results from a study among social media users across the United States', *Nutrition Journal*, 20, 2021, article 73, https://doi.org/10.1186/s12937-021-

00732-2.
45 A. Tedstone et al., Sugar reduction, achieving the 20%: *A technical report outlining progress to date, guidelines for industry, 2015 baseline levels in key foods and next steps,* 2017, available from www.gov.uk/phe.
46 A. Elliott-Green et al., 'Sugar-sweetened beverages coverage in the British media: an analysis of public health advocacy versus proindustry messaging', *BMJ Open,* 6(7), July 2016, e011295, https://doi.org/10.1136/bmjopen-2016-011295.
47 Action on Salt, 'Policy Position: UK Salt Reduction Strategy', https://www.actiononsalt.org.uk/media/action-on-salt/about/FINAL-Action-on-Salt-Policy-Brief.pdf.
48 S. Alonso et al., 'Impact of the 2003 to 2018 Population Salt Intake Reduction Program in England: A Modeling Study', *Hypertension,* 77(4), April 2021, pp. 1086–94, https://doi.org/10.1161/HYPERTENSIONAHA.120.16649.

减肥：实现持续减肥

1 The National Weight Control Registry. Accessible at: http://www.nwcr.ws.
2 C. Leonie et al., 'Timing of daily calorie loading affects appetite and hunger responses without changes in energy metabolism in healthy subjects with obesity', *Cell Metabolism,* 34(10), 2022, pp. 1472–85, https://doi.org/10.1016/j.cmet.2022.08.001.
3 D. A. Raynor et al., 'Television viewing and long-term weight maintenance: Results from the National Weight Control Registry', *Obesity* (Silver Spring), 14(10), October 2006, pp. 1816–24, https://doi.org/10.1038/oby.2006.209.
4 Z. Alimoradi et al., 'Binge-Watching and Mental Health Problems: A Systematic Review and Meta-Analysis', *International Journal of Environmental Research and Public Health,* 19(15), August 2022, p. 9707, https://doi.org/10.3390/ijerph19159707.
5 A. Bellicha et al., 'Effect of exercise training on weight loss, body composition changes, and weight maintenance in adults with overweight or obesity: An overview of 12 systematic reviews and 149 studies', *Obesity Reviews,* 22(54), July 2021, e13256, https://doi.org/10.1111/obr.13256.
6 K. R. Arlinghaus and C. A. Johnston, 'The Importance of Creating Habits and Routine', *American Journal of Lifestyle Medicine,* 13(2), December 2018, pp. 142–4, https://doi.org/10.1177/1559827618818044.
7 H. Pontzer et al., 'Constrained Total Energy Expenditure and Metabolic Adaptation to Physical Activity in Adult Humans', *Current Biology,* 26(3), February 2016, pp. 410–7, https://doi.org/10.1016/j.cub.2015.12.046.
8 C. K. Martin et al., 'Effect of different doses of supervised exercise on food intake, metabolism, and non-exercise physical activity: The E-MECHANIC randomized controlled trial', *American Journal of Clinical Nutrition,* 110(3), September 2019, pp. 583–92, https://doi.org/10.1093/ajcn/nqz054.
9 J. Westenhoefer et al., 'Behavioural correlates of successful weight reduction over 3

y. Results from the Lean Habits Study', *International Journal of Obesity and Related Metabolic Disorders*, 28(2), February 2004, pp. 334–5, https://doi.org/10.1038/sj.ijo.0802530.

10 A. Palascha et al., 'How does thinking in Black and White terms relate to eating behavior and weight regain?', *Journal of Health Psychology*, 20(5), May 2015, pp. 638–48, https://doi.org/10.1177/1359105315573440.

11 A. C. Berg et al., 'Flexible Eating Behavior Predicts Greater Weight Loss Following a Diet and Exercise Intervention in Older Women', *Journal of Nutrition in Gerontology and Geriatrics*, 37(1), 2018, pp. 14–29, https://doi.org/10.1080/21551197.2018.1435433.

12 V. Loria-Kohen et al., 'Evaluation of the usefulness of a low-calorie diet with or without bread in the treatment of overweight/obesity', *Clinical Nutrition*, 31(4), August 2012, pp. 455–61, https://doi.org/10.1016/j.clnu.2011.12.002.

13 P. Srikanthan and A. S. Karlamangla, 'Muscle mass index as a predictor of longevity in older adults', *American Journal of Medicine*, 127(6), June 2014, pp. 547–53, https://doi.org/10.1016/j.amjmed.2014.02.007.

14 S. K. Gebauer et al., 'Food processing and structure impact the metabolizable energy of almonds', *Food & Function*, 7(10), October 2016, pp. 4231–8, https://doi.org/10.1039/c6fo01076h.

15 S. E. Berry et al., 'Manipulation of lipid bioaccessibility of almond seeds influences postprandial lipemia in healthy human subjects', *American Journal of Clinical Nutrition*, 88(4), October 2008, pp. 922–9, https://doi.org/10.1093/ajcn/88.4.922.

16 B. Dioneda et al., 'A Gluten-Free Meal Produces a Lower Postprandial Thermogenic Response Compared to an Iso-Energetic/Macronutrient Whole Food or Processed Food Meal in Young Women: A Single-Blind Randomized Cross-Over Trial', *Nutrients*, 12(7), July 2020, p. 2035, https://doi.org/10.3390/nu12072035.

17 S. B. Barr and J. C. Wright, 'Postprandial energy expenditure in whole-food and processed-food meals: Implications for daily energy expenditure', *Food Nutrition Research*, July 2010, p. 54, https://doi.org/10.3402/fnr.v54i0.5144.

18 M. Abbasalizad et al., 'Sugar-sweetened beverages intake and the risk of obesity in children: An updated systematic review and dose-response meta-analysis', *Pediatric Obesity*, 17(8), August 2022, e12914, https://doi.org/10.1111/ijpo.12914.

19 K. D. Hall et al., 'Ultra-Processed Diets Cause Excess Calorie Intake and Weight Gain: An Inpatient Randomized Controlled Trial of Ad Libitum Food Intake', *Cell Metabolism*, 30(1), July 2019, pp. 67–77, e3, https://doi.org/10.1016/j.cmet.2019.05.008. Erratum in: Cell Metabolism, 32(4), October 2020, p. 690.

20 R. E. Brown et al., 'Calorie Estimation in Adults Differing in Body Weight Class and Weight Loss Status', *Medicine & Science in Sports & Exercise*, 48(3), March 2016, pp. 521–6, https://doi.org/10.1249/MSS.0000000000000796.

21 C. M. Champagne et al., 'Energy intake and energy expenditure: A controlled study

comparing dietitians and non-dietitians', *Journal of the American Dietetic Association,* 102(10), October 2002, pp. 1428–32, https://doi.org/10.1016/s0002-8223(02)90316-0.

22 C. C. Simpson and S. E. Mazzeo, 'Calorie counting and fitness tracking technology: Associations with eating disorder symptomatology', *Eating Behaviors,* 26, August 2017, pp. 89–92, https://doi.org/10.1016/j.eatbeh.2017.02.002.

23 J. Linardon and M. Messer, 'My Fitness Pal usage in men: Associations with eating disorder symptoms and psychosocial impairment', *Eating Behaviors,* 33, April 2019, pp. 13–17, https://doi.org/10.1016/j.eatbeh.2019.02.003.

24 G. Cowburn and L. Stockley, 'Consumer understanding and use of nutrition labelling: a systematic review', *Public Health Nutrition,* 8(1), February 2005, pp. 21–8, https://doi.org/10.1079/phn2005666.

25 R. Jumpertz et al., 'Food label accuracy of common snack foods', *Obesity* (Silver Spring), 21(1), January 2013, pp. 164–9, https://doi.org/10.1002/oby.20185.

26 L. E. Urban et al., 'The accuracy of stated energy contents of reduced-energy, commercially prepared foods', *Journal of the American Dietetic Association,* 110(1), January 2010, pp. 116–23, https://doi.org/10.1016/j.jada.2009.10.003.

27 N. D. McGlynn et al., 'Low- and No-Calorie Sweetened Beverages as a Replacement for Sugar-Sweetened Beverages with Body Weight and Cardiometabolic Risk: A Systematic Review and Meta-analysis', *JAMA Network Open,* 5(3), March 2022, e222092, https://doi.org/10.1001/jamanetworkopen.2022.2092.

28 E. Robinson et al., 'A systematic review and meta-analysis examining the effect of eating rate on energy intake and hunger', *American Journal of Clinical Nutrition,* 100(1), July 2014, pp. 123–51, https://doi.org/10.3945/ajcn.113.081745.

29 B. Wansink et al., 'Ice cream illusions bowls, spoons, and self-served portion sizes', *American Journal of Preventive Medicine,* 31(3), September 2006, pp. 240–3, https://doi.org/10.1016/j.amepre.2006.04.003.

30 L. J. James et al., 'Eating with a smaller spoon decreases bite size, eating rate and ad libitum food intake in healthy young males', *British Journal of Nutrition,* 120(7), October 2018, pp. 830–7, https://doi.org/10.1017/S0007114518002246.

时间营养学与睡眠：餐盘上的时间

1 G. Asher and P. Sassone-Corsi, 'Time for food: The intimate interplay between nutrition, metabolism, and the circadian clock', *Cell,* 161(1), March 2015, pp. 84–92, https://doi.org/10.1016/j.cell.2015.03.015.

2 A. M. Haase et al., 'Gastrointestinal motility during sleep assessed by tracking of telemetric capsules combined with polysomnography – a pilot study', *Clinical and Experimental Gastroenterology,* 8, December 2015, pp. 327–32, https://doi.org/10.2147/CEG.S91964

3 S. Almoosawi et al., 'Daily profiles of energy and nutrient intakes: Are eating profiles

changing over time?', *European Journal of Clinical Nutrition,* 66(6), June 2012, pp. 678–86, https://doi.org/10.1038/ejcn.2011.210.

4 C. Gu et al., 'Metabolic Effects of Late Dinner in Healthy Volunteers –A Randomized Crossover Clinical Trial', *Journal of Clinical Endocrinology and Metabolism,* 105(8), August 2020, pp. 2789–802, https://doi.org/10.1210/clinem/dgaa354.

5 M. Hibi et al., 'Nighttime snacking reduces whole body fat oxidation and increases LDL cholesterol in healthy young women', American Journal of Physiology-Regulatory, *Integrative and Comparative Physiology,* 304(2), January 2013, R94–R101, https://doi.org/10.1152/ajpregu.00115.2012.

6 L. K. Cella et al., 'Diurnal rhythmicity of human cholesterol synthesis: Normal pattern and adaptation to simulated "jet lag"', *American Physiological Society,* 269(3 Pt 1), September 1995, e489–98, https://doi.org/10.1152/ajpendo.1995.269.3.E489.

7 Brian A. Ference et al., 'Low-density lipoproteins cause atherosclerotic cardiovascular disease. 1. Evidence from genetic, epidemiologic, and clinical studies. A consensus statement from the European Atherosclerosis Society Consensus Panel', *European Heart Journal,* 38(32), August 2017, pp. 2459–72, https://doi.org.UK/10.1093/eurheartj/ehx144; E. P. Navarese et al., 'Association Between Baseline LDL-C Level and Total and Cardiovascular Mortality After LDL-C Lowering: A Systematic Review and Meta-analysis', *JAMA,* 319(15), April 2018, pp. 1566–79, https://doi.org/10.1001/jama.2018.2525. Erratum in: *JAMA,* 320(13), October2018, p. 1387.

8 G. K. W. Leung et al., 'Time of day difference in postprandial glucose and insulin responses: Systematic review and meta-analysis of acute postprandial studies', *Chronobiology International,* 37(3), March 2020, pp. 311–26, https://doi.org/10.1080/07420528.2019.1683856.

9 Y. Altuntas, 'Postprandial Reactive Hypoglycemia', *Sisli Etfal Hastan Tip Bulteni,* 53(3), August 2019, pp. 215–20, https://doi.org/10.14744/SEMB.2019.59455.

10 K. R. Westerterp, 'Diet induced thermogenesis', *Nutrition & Metabolism,* 1(1), August 2004, p. 5, https://doi.org/10.1186/1743-7075-1-5.

11 C. J. Morris et al., 'The Human Circadian System Has a Dominating Role in Causing the Morning/Evening Difference in Diet-Induced Thermogenesis', *Obesity* (Silver Spring), 23(10), October 2015, pp. 2053–8, https://doi.org/10.1002/oby.21189; S. Bo et al., 'Is the timing of caloric intake associated with variation in diet-induced thermogenesis and in the metabolic pattern? A randomized cross-over study', *International Journal of Obesity* (London), 39(12), December 2015, pp. 1689–95, https://doi.org/10.1038/ijo.2015.138.

12 L. Ruddick-Collins et al., 'Circadian Rhythms in Resting Metabolic Rate Account for Apparent Daily Rhythms in the Thermic Effect of Food', *Journal of Clinical Endocrinology and Metabolism,* 107(2), January 2022, e708–e715, https://doi.org/10.1210/clinem/dgab654.

13 M. H. Alhussain et al., 'Impact of isoenergetic intake of irregular meal patterns on thermogenesis, glucose metabolism, and appetite: a randomized controlled trial', *American Journal of Clinical Nutrition,* 115(1), January 2022, pp. 284–97; M. H. Alhussain et al., 'Irregular meal-pattern effects on energy expenditure, metabolism, and appetite regulation: A randomized controlled trial in healthy normal-weight women', American Journal of Clinical Nutrition, 104(1), July 2016, pp. 21–32, https://doi.org/10.3945/ajcn.115.125401.

14 T. P. Aird et al., 'Effects of fasted vs fed-state exercise on performance and post-exercise metabolism: A systematic review and meta-analysis', *Scandinavian Journal of Medicine & Science in Sports,* 28(5), May 2018, pp. 1476–93, https://doi.org/10.1111/sms.13054.

15 M. P. St-Onge et al., 'Effects of Diet on Sleep Quality', *Advances in Nutrition,* 7(5), September 2016, pp. 938–49, https://doi.org/10.3945/an.116.012336.

16 H. S. Dashti et al., 'Late eating is associated with cardiometabolic risk traits, obesogenic behaviors, and impaired weight loss', American Journal of Clinical Nutrition, 113(1), October 2020, pp. 154–61, https://doi.org/10.1093/ajcn/nqaa264; J. Lopez-Minguez et al.,'Timing of Breakfast, Lunch, and Dinner. Effects on Obesity and Metabolic Risk', *Nutrients, November 2019,* 1(11), p. 2624, https://doi.org/10.3390/nu11112624.

17 A. Madjd et al., 'Effects of consuming later evening meal v. earlier evening meal on weight loss during a weight loss diet: a randomized clinical trial', *British Journal of Nutrition,* 126(4), August 2021, pp. 632–40, https://doi.org/10.1017/S0007114520004456.

18 D. Jakubowicz et al., 'High caloric intake at breakfast vs. dinner differentially influences weight loss of overweight and obese women', *Obesity* (Silver Spring), 21(12), December 2013, pp. 2504–12, https://doi.org/10.1002/oby.20460.

19 M. Lombardo et al., 'Morning meal more efficient for fat loss in a 3-month lifestyle intervention', Journal of the American Nutrition Association, 33(3), 2014, pp. 198–205, https://doi.org/10.1080/07315724.2013.863169.

20 L. Ruddick-Collins et al., 'Timing of daily calorie loading affects appetite and hunger responses without changes in energy metabolism in healthy subjects with obesity', *Cell Metabolism,* 34(10), October 2022, pp. 1472–85, https://doi.org/10.1016/j.cmet.2022.08.001.

21 K. Sievert et al., 'Effect of breakfast on weight and energy intake: systematic review and meta-analysis of randomised controlled trials', *BMJ,* 364, January 2019, p. 142, https://doi.org/10.1136/bmj.l42.

22 S. Sharma and M. Kavuru, 'Sleep and metabolism: An overview', *International Journal of Endocrinology,* 2010, e270832, https://www.doi.org/10.1155/2010/270832.

23 K. D. Kochanek et al., 'Mortality in the United States, 2013', *NCHS Data Brief,* 178, December 2014, pp. 1–8.

24 M. H. Yazdanpanah et al., 'Short sleep is associated with higher prevalence and increased

predicted risk of cardiovascular diseases in an Iranian population: Fasa PERSIAN Cohort Study', *Scientific Reports,* 10(1), March 2020, p. 4608, https://doi.org/10.1038/s41598-020-61506-0.

25 M. R. Irwin et al., 'Sleep Disturbance, Sleep Duration, and Inflammation: A Systematic Review and Meta-Analysis of Cohort Studies and Experimental Sleep Deprivation', *Biology Psychiatry,* 80(1), July 2016, pp. 40–52, https://doi.org/10.1016/j.biopsych.2015.05.014.

26 V. Kothari et al., 'Sleep interventions and glucose metabolism: systematic review and meta-analysis', *Sleep Medicine,* 78, February 2021, pp. 24–35, https://doi.org/10.1016/j.sleep.2020.11.035.

27 K. Lo et al., 'Subjective sleep quality, blood pressure, and hypertension: a meta-analysis', *Journal of Clinical Hypertension* (Greenwich), 20(3), March 2018, pp. 592–605, https://doi.org/10.1111/jch.13220.

28 J. L. Broussard et al., 'Impaired insulin signaling in human adipocytes after experimental sleep restriction: A randomized, crossover study', *Annals of Internal Medicine,* 157(8), October 2012, pp. 549–57, https://doi.org/10.7326/0003-4819-157-8-201210160-00005.

29 Lee D. Y. et al., 'Sleep duration and the risk of type 2 diabetes: A community-based cohort study with a 16-year follow-up', *Endocrinology and Metabolism,* 38(1), February 2023, pp. 146–55, https://pubmed.ncbi.nlm.nih.gov/36740966.

30 F. P. Cappuccio et al., 'Meta-analysis of short sleep duration and obesity in children and adults', *Sleep,* 31(5), May 2008, pp. 619–26, https://doi.org/10.1093/sleep/31.5.619.

31 K. Spiegel et al., 'Brief communication: Sleep curtailment in healthy young men is associated with decreased leptin levels, elevated ghrelin levels, and increased hunger and appetite', *Annals of Internal Medicine,* 141(11), December 2004, pp. 846–50, https://doi.org/10.7326/0003-4819-11-200412070-00008.

32 C. Chin-Chance et al., 'Twenty-four-hour leptin levels respond to cumulative short-term energy imbalance and predict subsequent intake', *Journal of Clinical Endocrinology and Metabolism,* 85(8), August 2000, pp. 2685–91, https://doi.org.uk/10.1210/jcem.85.8.6755; S. Taheri et al., 'Short sleep duration is associated with reduced leptin, elevated ghrelin, and increased body mass index', *PLoS Med,* 1(3), December 2004, e62, https://doi.org/10.1371/journal.pmed.0010062.

33 A. Guyon et al., 'Adverse effects of two nights of sleep restriction on the hypothalamic–pituitary–adrenal axis in healthy men', *Journal of Clinical Endocrinology and Metabolism,* 99, 2014, pp. 2861–8, https://doi.org/10.1210/jc.2013-4254; R. Leproult et al., 'Sleep loss results in an elevation of cortisol levels the next evening', *Sleep,* 20, 1997, pp.865–70, https://pubmed.ncbi.nlm.nih.gov/94159461.

34 A. M. Chao et al., 'Stress, cortisol, and other appetite-related hormones: Prospective prediction of 6-month changes in food cravings and weight', *Obesity* (Silver Spring),

25(4), 2017, pp. 713–20, https://doi.org/10.1002/oby.21790.

35 H. K. Al Khatib et al., 'The effects of partial sleep deprivation on energy balance: a systematic review and meta-analysis', *European Journal of Clinical Nutrition,* 71(5), May 2017, pp. 614–24, https://doi.org/10.1038/ejcn.2016.201. The analysis mentioned in the footnote is: B. Zhu, 'Effects of sleep restriction on metabolism-related parameters in healthy adults: A comprehensive review and meta-analysis of randomized controlled trials', *Sleep Medicine Reviews,* 45, 2019, pp. 18–30, https://doi.org/10.1016/j.smrv.2019.02.002.

36 B. A. Dolezal et al., 'Interrelationship between Sleep and Exercise: A Systematic Review', *Advances in Preventive Medicine,* 2017, 1364387, https://doi.org/10.1155/2017/1364387.

37 S. I. Iao et al., 'Associations between bedtime eating or drinking, sleep duration and wake after sleep onset: Findings from the American time use survey', *British Journal of Nutrition,* 13, September 2021, pp. 1–10, https://doi.org.10.1017/S0007114521003597; N. Chung et al., 'Does the Proximity of Meals to Bedtime Influence the Sleep of Young Adults? A Cross-Sectional Survey of University Students', *International Journal of Environmental Research and Public Health,* 17(8), 2020, p. 2677, https://doi.org/10.1155/2017/1364387.

肠道微生物组：人类最好的朋友（们）

1 J. Lederberg, 'Infectious history', *Science,* 288(5464), April 2000, pp. 287–93, https://doi.org/10.1126/science.288.5464.287.

2 E. R. Leeming et al., 'Effect of Diet on the Gut Microbiota: Rethinking Intervention Duration', *Nutrients,* 11(12), November 2019, p. 2862, https://doi.org/10.3390/nu11122862.

3 K. AlFaleh and J. Anabrees, 'Probiotics for prevention of necrotizing enterocolitis in preterm infants', *Cochrane Database of Systematic Reviews,* 4, April 2014, CD005496, https://doi.org/10.1002/14651858.CD005496.pub4.

4 L. Satish Kumar et al., 'Probiotics in Irritable Bowel Syndrome: A Review of Their Therapeutic Role', *Cureus,* 14(4), 2022, e24240, https://doi.org/10.7759/cureus.24240.

5 S. Guglielmetti et al., 'Randomised clinical trial: *Bifidobacterium bifidum* MIMBb75 significantly alleviates irritable bowel syndrome and improves quality of life – a double-blind, placebo-controlled study', *Alimentary Pharmacology & Therapeutics,* May 2011, 33(10), pp. 1123–32, https://doi.org/10.1111/j.1365-2036.2011.04633.x.

6 N. B. Kristensen et al., 'Alterations in fecal microbiota composition by probiotic supplementation in healthy adults: a systematic review of randomized controlled trials', *Genome Medicine,* 8(1), May 2016, article 52, https://doi.org/10.1186/s13073-016-0300-5.

7 J. Alvar et al., 'Implications of asymptomatic infection for the natural history of selected

parasitic tropical diseases', *Seminars in Immunopathology,* 42(3), June 2020, pp. 231–46, https://doi.org/10.1007/s00281-020-00796-y.

8 H. Kiani et al., 'Prevalence, risk factors and symptoms associated to intestinal parasite infections among patients with gastrointestinal disorders in Nahavand, Western Iran', *Journal of the Institute of Tropical Medicine of São Paulo,* 58, 2016, p. 42, https://doi.org/10.1590/S1678-9946201658042.

9 J. Gocki and Z. Bartuzi, 'Role of immunoglobulin G antibodies in diagnosis of food allergy', *Advances in Dermatology and Allergology,* 33(4), August 2016, pp. 253–6, https://doi.org/10.5114/ada.2016.61600.

10 F. J. Ruiz-Ojeda et al., 'Effects of Sweeteners on the Gut Microbiota: A Review of Experimental Studies and Clinical Trials', *Advances in Nutrition,* 10, January 2019, S31–S48, https://doi.org/10.1093/advances/nmy037.

11 A. R. Lobach et al., 'Assessing the in vivo data on low/no-calorie sweeteners and the gut microbiota', *Food and Chemical Toxicology,* 124, February 2019, pp. 385–99, https://doi.org/10.1016/j.fct.2018.12.005.

12 N. D. McGlynn et al., 'Association of Low- and No-Calorie Sweetened Beverages as a Replacement for Sugar-Sweetened Beverages with Body Weight and Cardiometabolic Risk: A Systematic Review and Meta-analysis', *JAMA Network Open,* 5(3), March 2022, e222092, https://doi.org/10.1001/jamanetworkopen.2022.2092; S. Pavanello et al., 'Non-sugar sweeteners and cancer: Toxicological and epidemiological evidence', *Regulatory Toxicology and Pharmacology,* 139, March 2023, 105369, https://doi.org/10.1016/j.yrtph.2023.105369.

13 E. C. Gritz and V. Bhandari, 'The human neonatal gut microbiome: A brief review', *Frontiers in Pediatrics,* 3, March 2015, p. 17, https://doi.org/10.3389/fped.2015.00017. Erratum in: ibid., p. 60.

14 M. G. Dominguez-Bello et al., 'Delivery mode shapes the acquisition and structure of the initial microbiota across multiple body habitats in newborns', *Proceedings of the National Academy of Sciences of the United States of America,* 107(26), June 2010, pp. 11971–5, https://doi.org/10.1073/pnas.1002601107.

15 J. Neu and J. Rushing, 'Cesarean versus vaginal delivery: Long-term infant outcomes and the hygiene hypothesis', Clinics in Perinatology, 38(2), June 2011, pp. 321–31, https://doi.org/10.1016/j.clp.2011.03.008.

16 H. Okada et al. (2010).

17 A. O'Sullivan et al., 'The Influence of Early Infant-Feeding Practices on the Intestinal Microbiome and Body Composition in Infants', *Nutrition and Metabolic Insights,* December 2015, 8(Suppl 1), pp. 1–9, https://doi.org/10.4137/NMI.S29530. Erratum in: *Nutrition and Metabolic Insights,* (Suppl 1) October 2016, p. 87.

18 M. Wicin´ski et al., 'Human Milk Oligosaccharides: Health Benefits, Potential Applications in Infant Formulas, and Pharmacology', *Nutrients,* 12(1), January 2020, p.

266, https://doi.org/10.3390/nu12010266.

19 G. K. John and G. E. Mullin, 'The Gut Microbiome and Obesity', Current Oncology Reports, 18(7), July 2016, p. 45, https://doi.org/10.1007/s11912-016-0528-7; R. E. Ley et al., 'Microbial ecology: human gut microbes associated with obesity', Nature, 444(7122), December 2006, pp. 1022–3, https://doi.org/10.1038/4441022a.

20 P. Ojeda et al., 'Nutritional modulation of gut microbiota – the impact on metabolic disease pathophysiology', Journal of Nutritional Biochemistry, 28, February 2016, pp. 191–200, https://doi.org/10.1016/j.jnutbio.2015.08.013.

21 A. C. Gomes et al., 'The human gut microbiota: Metabolism and perspective in obesity', Gut Microbes, 9(4), July 2018, pp. 308–25, https://doi.org/10.1080/19490976.2018.1465157.

22 R. Liu et al., 'Gut microbiome and serum metabolome alterations in obesity and after weight-loss intervention', Nature Medicine, 23(7), July 2017, pp. 859–68, https://doi.org/10.1038/nm.4358.

23 P. J. Turnbaugh et al., 'An obesity-associated gut microbiome with increased capacity for energy harvest', Nature, 444(7122), December 2006, pp. 1027–31, https://doi.org/10.1038/nature05414.

24 C. Sanmiguel et al., 'Gut Microbiome and Obesity: A Plausible Explanation for Obesity', Current Obesity Reports, 4(2), June 2015, pp. 250–61, https://doi.org/10.1007/s13679-015-0152-0.

25 M. M. Finucane et al., 'A taxonomic signature of obesity in the microbiome? Getting to the guts of the matter', PLoS One, 9(1), January 2014, e84689, https://doi.org/10.1371/journal.pone.0084689.

26 A. E. Morgan et al., 'Cholesterol metabolism: A review of how ageing disrupts the biological mechanisms responsible for its regulation', Ageing Research Reviews, 27, May 2016, pp. 108–24, https://doi.org/10.1016/j.arr.2016.03.008.

27 A. Grefhorst et al., 'The TICE Pathway: Mechanisms and Lipid-Lowering Therapies', Methodist Debakey Cardiovascular Journal, 15(1), January 2019, pp. 70–6, https://doi.org/10.14797/mdcj-15-1-70.

28 J. Fu et al., 'The Gut Microbiome Contributes to a Substantial Proportion of the Variation in Blood Lipids', Circulation Research, 117(9), October 2015, pp. 817–24, https://doi.org/10.1161/CIRCRESAHA.115.306807.

29 J. M. Lattimer and H. D. Haub, 'Effects of dietary fiber and its components on metabolic health', Nutrients, 2(12), December 2010, pp. 1266–89, https://doi.org/10.3390/nu2121266.

30 L. Scalfi et al., 'Effect of dietary fiber on postprandial thermogenesis', International Journal of Obesity, 11(Suppl 1), 1987, pp. 95–9, https://pubmed.ncbi.nlm.nih.gov/3032832.

31 A. N. Reynolds et al., 'Dietary fiber in hypertension and cardiovascular disease

management: Systematic review and meta-analyses', *BMC Medicine*, 20(1), April 2022, p. 139, https: //doi.org/ 10.1186/s12916-022-02328-x; D. E. Threapleton et al., 'Dietary fiber intake and risk of cardiovascular disease: systematic review and meta-analysis', *BMJ*, 347, 2013, https://doi.org/10.1136/bmj.f6879.

32 I. Miller, 'The gut–brain axis: Historical reflections', *Microbial Ecology in Health and Disease*, 29(1), November 2018, 1542921, https://doi.org/10.1080/16512235.2018.1542921.

33 T. Alexander et al., 'Effect of three antibacterial drugs in lowering blood & stool ammonia production in hepatic encephalopathy', *Indian Journal of Medical Research*, 96, October 1992, pp. 292–6, https://pubmed.ncbi.nlm.nih.gov/1459672/.

34 P. Bercik et al., 'The intestinal microbiota affect central levels of brain-derived neurotropic factor and behavior in mice', *Gastroenterology*, 141(2), August 2011, pp. 599–609, https://doi.org/10.1053/j.gastro.2011.04.052.

35 M. Messaoudi et al., 'Assessment of psychotropic-like properties of a probiotic formulation (*Lactobacillus helveticus R0052 and Bifidobacterium longum* R0175) in rats and human subjects', *British Journal of Nutrition*, March 2011, 105(5), pp. 755–64, https://doi.org/10.1017/S0007114510004319.

36 B. Müller et al., 'Fecal Short-Chain Fatty Acid Ratios as Related to Gastrointestinal and Depressive Symptoms in Young Adults', *Psychosomatic Medicine*, 83(7), September 2021, pp. 693–9, https://doi.org/10.1097/PSY.0000000000000965.

37 G. Clarke et al., 'A Distinct Profile of Tryptophan Metabolism along the Kynurenine Pathway Downstream of Toll-Like Receptor Activation in Irritable Bowel Syndrome', *Frontiers in Pharmacology*, 3, May 2012, p. 90, https://doi.org/10.3389/fphar.2012.00090.

38 H. M. Parracho et al., 'Differences between the gut microflora of children with autistic spectrum disorders and that of healthy children', *Journal of Medical Microbiology*, 54 (Pt 10), October 2005, pp. 987–91, https://doi.org/10.1099/jmm.0.46101-0; S. J. Chen et al., 'Association of Fecal and Plasma Levels of Short-Chain Fatty Acids with Gut Microbiota and Clinical Severity in Patients with Parkinson Disease', *Neurology*, 98(8), February 2022, e848–e858, https://doi.org/10.1212/WNL.0000000000013225.

39 K. Tillisch et al., 'Consumption of fermented milk product with probiotic modulates brain activity', *Gastroenterology*, 144(7), June 2013, pp. 1394–401, https://doi.org/10.1053/j.gastro.2013.02.043; Messaoudi et al. (2011).

40 L. A. David et al., 'Diet rapidly and reproducibly alters the human gut microbiome', *Nature*, 505(7484), 23 January 2014, pp. 559–63, https://doi.org/10.1038/nature12820.

41 H. L. Simpson and B. J. Campbell, 'Review article: Dietary fibermicrobiota interactions', *Alimentary Pharmacology & Therapeutics*, 42(2), July 2015, pp. 158–79, https://doi.org/10.1111/apt.13248.

42 S. Devkota and E. B. Chang, 'Interactions between Diet, Bile Acid Metabolism, Gut Microbiota, and Inflammatory Bowel Diseases', *Digestive Diseases,* 33(3), 2015, pp. 351–6, https://doi.org/10.1159/000371687.

43 S. M. Ajabnoor et al., 'Long-term effects of increasing omega-3, omega-6 and total polyunsaturated fats on inflammatory bowel disease and markers of inflammation: A systematic review and meta-analysis of randomized controlled trials', *European Journal of Nutrition,* 60(5), August 2021, pp. 2293–316, https://doi.org/10.1007/s00394-020-02413-y.

44 A. N. Ananthakrishnan et al., 'Association between reduced plasma 25-hydroxy vitamin D and increased risk of cancer in patients with inflammatory bowel diseases', *Clinical Gastroenterology and Hepatology,* 12(5), May 2014, pp. 821–7, https://doi.org/10.1016/j.cgh.2013.10.011.

45 N. Narula et al., 'Impact of High-Dose Vitamin D3 Supplementation in Patients with Crohn's Disease in Remission: A Pilot Randomized Double-Blind Controlled Study', *Digestive Diseases and Sciences,* 62(2), February 2017, pp. 448–55, https://doi.org/10.1007/s10620-016-4396-7.

46 A. Clark and N. Mach, 'Role of Vitamin D in the Hygiene Hypothesis: The Interplay between Vitamin D, Vitamin D Receptors, Gut Microbiota, and Immune Response', *Frontiers in Immunology,* 7, December 2016, p. 627, https://doi.org/10.3389/fimmu.2016.00627.

47 C. S. Brotherton et al., 'Avoidance of Fiber Is Associated with Greater Risk of Crohn's Disease Flare in a 6-Month Period', Clinical Gastroenterology and Hepatology, 14(8), August 2016, pp. 1130–6, https://doi.org/10.1016/j.cgh.2015.12.029; A. Pituch-Zdanowska et al., 'The role of dietary fibre in inflammatory bowel disease', *Przeglad Gastroenterologiczny* 2015, 10(3), pp. 135–41, https://doi.org/10.5114/pg.2015.52753.

48 X. Liu et al., 'Dietary fibre intake reduces risk of inflammatory bowel disease: Result from a meta-analysis', *Nutrition Research,* 35(9), September 2015, pp. 753–8, https://doi.org/10.1016/j.nutres.2015.05.021.

49 H. C. Wastyk et al., 'Gut-microbiota-targeted diets modulate human immune status', *Cell,* 184(16), August 2021, pp. 4137–53, https://doi.org/10.1016/j.cell.2021.06.019.

50 L. Saha, 'Irritable bowel syndrome: Pathogenesis, diagnosis, treatment, and evidence-based medicine', *World Journal of Gastroenterology,* 20(22), June 2014, pp. 6759–73, https://doi.org/10.3748/wjg.v20.i22.6759.

51 K. Occhipinti and J. W. Smith, 'Irritable bowel syndrome: A review and update', *Clinics in Colon and Rectal Surgery,* 25(1), March 2012, pp. 46–52, https://doi.org/10.1055/s-0032-1301759.

52 Ibid.

53 A. S. van Lanen et al., 'Efficacy of a low-FODMAP diet in adult irritable bowel syndrome: a systematic review and meta-analysis', *European Journal of Nutrition,* 60(6),

September 2021, pp. 3505–22, https://doi.org/10.1007/s00394-020-02473-0. Erratum in: European Journal of Nutrition, June 2021.

54 A. C. Ford et al., 'ACG Task Force on Management of Irritable Bowel Syndrome: American College of Gastroenterology Monograph on Management of Irritable Bowel Syndrome', *American Journal of Gastroenterology*, 113(2), June 2018, pp. 1–18, https://doi.org/10.1038/s41395-018-0084-x.

55 L. Saha (2014).

56 K. V. Lambeau and J. W. McRorie Jr, 'Fiber supplements and clinically proven health benefits: How to recognize and recommend an effective fiber therapy', *Journal of the American Association of Nurse Practitioners*, 29(4), April 2017, pp. 216–23, https://doi.org/10.1002/2327-6924.12447.

57 M. Shoaib et al., 'Inulin: Properties, health benefits and food applications', *Carbohydrate Polymers*, 147, August 2016, pp. 444–54, https://doi.org/10.1016/j.carbpol.2016.04.020.

58 P. Angoorani et al., 'Gut microbiota modulation as a possible mediating mechanism for fasting-induced alleviation of metabolic complications: A systematic review', *Nutrition & Metabolism*, 18(1), December 2021, p. 105, https://doi.org/10.1186/s12986-021-00635-3.

59 G. Li et al., 'Intermittent Fasting Promotes White Adipose Browning and Decreases Obesity by Shaping the Gut Microbiota', *Cell Metabolism*, 26(4), October 2017, pp. 672–85, https://doi.org/10.1016/j.cmet.2017.08.019. Erratum in: Cell Metabolism, 26(5), November 2017, p. 801.

60 D. McDonald et al., 'American Gut: An Open Platform for Citizen Science Microbiome Research', *mSystems*, 3(3), May 2018, e00031–18, https://doi.org/10.1128/mSystems.00031-18.

抑郁症和痴呆症：用食物安抚情绪

1 'The cost of diagnosed mental health conditions: statistics', Mental Health Foundation, https://www.mentalhealth.org.uk/exploremental-health-statistics/cost-diagnosed-mental-health-conditionsstatistics.

2 WHO Depression Fact Sheet, 2017.

3 WHO, *Depression and Other Common Mental Disorders: Global Health Estimates*, Geneva, World Health Organization, 2017, pp. 1–24.

4 I. Lazarevich et al., 'Depression and food consumption in Mexican college students', *Nutricion Hospitalaria*, 35(3), May 2018, pp. 620–6, https://doi.org/10.20960/nh.1500.

5 W. K. Simmons et al., 'Appetite changes reveal depression subgroups with distinct endocrine, metabolic, and immune states', *Molecular Psychiatry*, 25(7), July 2020, pp. 1457–68, https://doi.org/10.1038/s41380-018-0093-6.

6 W. K. Simmons et al., 'Depression-Related Increases and Decreases in Appetite:

Dissociable Patterns of Aberrant Activity in Reward and Interoceptive Neurocircuitry', *American Journal of Psychiatry,* 173(4), April 2016, pp. 418–28, https://doi.org/10.1176/appi.ajp.2015.15020162.

7 J. Firth et al., 'The Effects of Dietary Improvement on Symptoms of Depression and Anxiety: A Meta-Analysis of Randomized Controlled Trials', *Psychosomatic Medicine,* 81(3), 2019, pp. 265–80, https://doi.org/10.1097/PSY.0000000000000673

8 M. P. Pase et al., 'Sugary beverage intake and preclinical Alzheimer's disease in the community', *Alzheimer's & Dementia,* 13(9), September 2017, pp. 955–64, https://doi.org/10.1016/j.jalz.2017.01.024.

9 S. Sen et al., 'Serum brain-derived neurotrophic factor, depression, and antidepressant medications: meta-analyses and implications', *Biological Psychiatry,* 64(6), September 2008, pp. 527–32, https://doi.org/10.1016/j.biopsych.2008.05.005.

10 Y. Altuntas,, 'Postprandial Reactive Hypoglycemia', *Sisli Etfal Hastan Tip Bul,* 53(3), August 2019, pp. 215–20, https://doi.org/10.14744/SEMB.2019.59455.

11 A. Menke et al., 'Prevalence of and Trends in Diabetes Among Adults in the United States, 1988–2012', *JAMA,* 314(10), September 2015, pp. 1021–9, https://doi.org/10.1001/jama.2015.10029.

12 S. Penckofer et al., 'Does glycemic variability impact mood and quality of life?', *Diabetes Technology & Therapeutics,* 14(4), April 2012, pp. 303–10, https://doi.org/10.1089/dia.2011.0191.

13 D. Hu et al., 'Sugar-sweetened beverages consumption and the risk of depression: A meta-analysis of observational studies', *Journal of Affective Disorders,* 245, February 2019, pp. 348–55, https://doi.org/10.1016/j.jad.2018.11.015.

14 A. Knüppel et al., 'Sugar intake from sweet food and beverages, common mental disorder and depression: Prospective findings from the Whitehall I I study', *Scientific Reports,* 7(1), July 2017, p. 6287, https://doi.org/10.1038/s41598-017-05649-7.

15 G. N. Lindseth et al., 'Neurobehavioral effects of aspartame consumption', *Research in Nursing & Health,* 37(3), June 2014, pp. 185–93, https://doi.org/10.1002/nur.21595.

16 M. Reid et al., 'Long-term dietary compensation for added sugar: Effects of supplementary sucrose drinks over a 4-week period', *British Journal of Nutrition, 97*(1), January 2007, pp. 193–203, https://doi.org/10.1017/S0007114507252705; M. Reid et al., 'Effects of sucrose drinks on macronutrient intake, body weight, and mood state in overweight women over 4 weeks', *Appetite,* 55(1), 2010, pp. 130–6, https://doi.org/10.1016/j.appet.2010.05.001.

17 S. O'Neill et al., 'Depression, Is It Treatable in Adults Utilising Dietary Interventions? A Systematic Review of Randomised Controlled Trials', Nutrients, 14(7), March 2022, p. 1398, https://doi.org/10.3390/nu14071398.

18 F. N. Jacka et al., 'A randomised controlled trial of dietary improvement for adults with major depression (the "SMILES" trial)', *BMC Medicine,* 15(1), January 2017, p.

23, https://doi.org/10.1186/s12916-017-0791-y. Erratum in: *BMC Medicine*, 16(1), December 2018, p. 236.

19 G. Lindseth et al., 'The effects of dietary tryptophan on affective disorders', *Archives of Psychiatric Nursing*, 29(2), April 2015, pp. 102–7, https://doi.org/10.1016/j.apnu.2014.11.008.

20 J. E. Alpert and M. Fava, 'Nutrition and depression: The role of folate', *Nutrition Reviews*, 55(5), May 1997, pp. 145–9, https://doi.org/10.1111/j.1753-4887.1997.tb06468.x.

21 M. A. Beydoun et al., 'Serum folate, vitamin B-12, and homocysteine and their association with depressive symptoms among U.S. adults' *Psychosomatic Medicine*, 72(9), November 2010, pp. 862–73, https://doi.org/10.1097/PSY.0b013e3181f61863.

22 M. Park et al., 'Flavonoid-Rich Orange Juice Intake and Altered Gut Microbiome in Young Adults with Depressive Symptom: A Randomized Controlled Study', *Nutrients*, 12(6), June 2020, p. 1815, https://doi.org/10.3390/nu12061815.

23 R. Nair and A. Maseeh, 'Vitamin D: The "sunshine" vitamin', *Journal of Pharmacology & Pharmatherapeutics*, 3(2), April 2012, pp. 118–26, https://doi.org/10.4103/0976-500X.95506.

24 M. F. Holick and T. C. Chen, 'Vitamin D deficiency: a worldwide problem with health consequences', *American Journal of Clinical Nutrition*, 87(4), April 2008, pp. 1080S–6S, https://doi.org/10.1093/ajcn/87.4.1080S.

25 C. Oudshoorn et al., 'Higher serum vitamin D3 levels are associated with better cognitive test performance in patients with Alzheimer's disease', *Dementia and Geriatric Cognitive Disorders*, 25(6), July 2008, pp. 539–43, https://doi.org/10.1159/000134382.

26 D. J. Armstrong et al., 'Vitamin D deficiency is associated with anxiety and depression in fibromyalgia', *Clinical Rheumatology*, 26(4), April 2007, pp. 551–4, https://doi.org/10.1007/s10067-006-0348-5.

27 J. W. Newcomer et al., 'NMDA receptor function, memory, and brain aging ', *Dialogues in Clinical Neuroscience*, 2(3), September 2000, pp. 219–32, https://doi.org/10.31887/DCNS.2000.2.3/jnewcomer.

28 G. K. Schwalfenberg and S. J. Genuis, 'The Importance of Magnesium in Clinical Healthcare', *Scientifica* (Cairo), 2017, article 4179326, https://doi.org/10.1155/2017/4179326.

29 G. A. Eby and K. L. Eby, 'Rapid recovery from major depression using magnesium treatment', *Medical Hypotheses*, 67(2), 2006, pp. 362–70, https://doi.org/10.1016/j.mehy.2006.01.047.

30 D. Phelan et al., 'Magnesium and mood disorders: systematic review and meta-analysis', *BJPsych Open*, 4(4), July 2018, pp. 167–179, https://doi.org/10.1192/bjo.2018.22.

31 U. Tinggi, 'Selenium: its role as antioxidant in human health', *Environmental Health and Preventive Medicine*, 13(2), March 2008, pp. 102–8, https://doi.org/10.1007/s12199-

007-0019-4.
32 E. Kesse-Guyot et al., 'French adults' cognitive performance after daily supplementation with antioxidant vitamins and minerals at nutritional doses: a post hoc analysis of the Supplementation in Vitamins and Mineral Antioxidants (SU.VI.MAX) trial', *American Journal of Clinical Nutrition,* 94(3), September 2011, pp. 892–9, https://doi.org/10.3945/ajcn.110.007815.
33 U. Tinggi (2008).
34 S. S. Sajjadi, et al., 'The role of selenium in depression: a systematic review and meta-analysis of human observational and interventional studies', *Scientific Reports* 12, article 1045 (2022), https://doi.org/10.1038/s41598-022-05078-1
35 P. D. Chilibeck et al., 'Effect of creatine supplementation during resistance training on lean tissue mass and muscular strength in older adults: a meta-analysis', *Open Access Journal of Sports Medicine,* 8 November 2017, pp. 213–26, https://doi.org/10.2147/OAJSM.S123529.
36 I. K. Lyoo et al., 'A randomized, double-blind placebo-controlled trial of oral creatine monohydrate augmentation for enhanced response to a selective serotonin reuptake inhibitor in women with major depressive disorder', *American Journal of Psychiatry,* 169(9), September 2012, pp. 937–45, https://doi.org/10.1176/appi.ajp.2012.12010009.
37 I. K. Lyoo et al., 'Multinuclear magnetic resonance spectroscopy of high-energy phosphate metabolites in human brain following oral supplementation of creatine-monohydrate', *Psychiatry Research: Neuroimaging,* 123(2), June 2003, pp. 87–100, https://doi.org/10.1016/s0925-4927(03)00046-5.
38 M. J. Siddiqui et al., '(Crocus sativus L.) as an Antidepressant', *Journal of Pharmacy & BioAllied Sciences,* 10(4), October–December 2018, pp. 173–180, https://doi.org/10.4103/JPBS.JPBS_83_18.
39 W. Marx et al., 'Effect of saffron supplementation on symptoms of depression and anxiety: a systematic review and meta-analysis', *Nutrition Reviews,* 77(8), August 2019, pp. 557–71, https://doi.org/10.1093/nutrit/nuz023.
40 H. S. Lee et al., 'Psychiatric disorders risk in patients with iron deficiency anemia and association with iron supplementation medications: A nationwide database analysis', *BMC Psychiatry,* 20(1), May 2020, p. 216, https://doi.org/10.1186/s12888-020-02621-0.
41 L. Fusar-Poli et al., 'Curcumin for depression: A meta-analysis', *Critical Reviews in Food Science and Nutrition,* 60(15), 2020, pp. 2643–53, https://doi.org/10.1080/10408398.2019.1653260.
42 G. Grosso et al., 'Coffee, tea, caffeine and risk of depression: A systematic review and dose-response meta-analysis of observational studies', *Molecular Nutrition & Food Research,* 60(1), January 2016, pp.223–4, https://doi.org/10.1002/mnfr.201500620.

43 L. Klevebrant and A. Frick, 'Effects of caffeine on anxiety and panic attacks in patients with panic disorder: A systematic review and meta-analysis', *General Hospital Psychiatry*, 74, 2022, pp. 22–31, https://doi.org/10.1016/j.genhosppsych.2021.11.005.

44 M. A. Petrilli et al., 'The Emerging Role for Zinc in Depression and Psychosis', *Frontiers in Pharmacology*, 8, June 2017, p. 414, https://doi.org/10.3389/fphar.2017.00414.

45 S. Yosaee et al., 'Zinc in depression: From development to treatment: A comparative/dose response meta-analysis of observational studies and randomized controlled trials', *General Hospital Psychiatry*, 74, 2022, pp. 110–117, https://doi.org/10.1016/j.genhosppsych.2020.08.001.

46 Y. Xu, 'Role of dietary factors in the prevention and treatment for depression: An umbrella review of meta-analyses of prospective studies', *Translational Psychiatry*, 11(1), September 2021, https://pubmed.ncbi.nlm.nih.gov/34531367/.

47 J. L. Cummings et al., 'Alzheimer's disease drug-development pipeline: few candidates, frequent failures', *Alzheimer's Research &Therapy*, 6(4), July 2014, p. 37, https://doi.org/10.1186/alzrt269.

48 H. Li et al., 'Association of Ultraprocessed Food Consumption with Risk of Dementia: A Prospective Cohort', *Neurology*, July 2022, https://doi.org/10.1212/WNL.0000000000200871.

49 S. M. de la Monte and M. Tong, 'Mechanisms of nitrosamine-mediated neurodegeneration: potential relevance to sporadic Alzheimer's disease', *Journal of Alzheimer's Disease*, 17(4), 2009, pp. 817–25, https://doi.org/10.3233/JAD-2009-1098.

50 For example, this study on 830 healthy adults showed that high blood glucose was related to poorer overall performance on perceptual speed, greater rates of decline in cognitive function and higher glycaemic loads related to overall worse cognitive performance. S. Seetharaman et al., 'Blood glucose, diet-based glycemic load and cognitive aging among dementia-free older adults', *The Journals of Gerontology. Series A, Biological Sciences and Medical Sciences*, 70(4), April 2015, pp. 471–9, https://doi.org/10.1093/gerona/glu135; S. I. Sünram-Lea and L. Owen, 'The impact of diet-based glycaemic response and glucose regulation on cognition: Evidence across the lifespan', *Proceedings of the Nutrition Society*, 76(4), November 2017, pp. 466–77, https://doi.org/10.1017/S0029665117000829; M. Gentreau et al., 'High Glycemic Load Is Associated with Cognitive Decline in Apolipoprotein E ε 4 Allele Carriers', *Nutrients*, 12(12), November 2020, p. 3619, https://doi.org/10.3390/nu12123619.

51 M. K. Taylor et al., 'A high-glycemic diet is associated with cerebral amyloid burden in cognitively normal older adults', *American Journal of Clinical Nutrition*, 106(6), December 2017, pp. 1463–70, https://doi.org/10.3945/ajcn.117.162263; K. M. Rodrigue et al., ' β -Amyloid burden in healthy aging: regional distribution and cognitive consequences', *Neurology*, 78(6), February 2012, pp. 387–95, https://doi.org/10.1212/WNL.0b013e318245d295.

52 I. V. Kurochkin et al., 'Insulin-Degrading Enzyme in the Fight against Alzheimer's Disease', *Trends in Pharmacological Sciences*, 39(1), January 2018, pp. 49–58, https://doi.org/10.1016/j.tips.2017.10.008.

53 B. S. Lennerz et al., 'Effects of dietary glycemic index on brain regions related to reward and craving in men', *American Journal of Clinical Nutrition*, 98(3), September 2013, pp. 641–7, https://doi.org/10.3945/ajcn.113.064113.

54 E. A. Maguire et al., 'Navigation-related structural change in the hippocampi of taxi drivers', *Proceedings of the National Academy of Sciences of the United States of America*, 97(8), April 2000, pp. 4398–403, https://doi.org/10.1073/pnas.070039597.

55 R. Molteni et al., 'A high-fat, refined sugar diet reduces hippocampal brain-derived neurotrophic factor, neuronal plasticity, and learning', *Neuroscience*, 112(4), 2002, pp. 803–14, https://doi.org/10.1016/s0306-4522(02)00123-9.

56 C. Willmann et al., 'Insulin sensitivity predicts cognitive decline in individuals with prediabetes', *BMJ Open Diabetes Research & Care*, 8(2), November 2020, e001741, https://doi.org/10.1136/bmjdrc-2020-001741.

57 I. Hajjar et al., 'Oxidative stress predicts cognitive decline with aging in healthy adults: An observational study', *Journal of Neuroinflammation*, 15(1), January 2018, p. 17, https://doi.org/10.1186/s12974-017-1026-z.

58 I. E. Orhan et al., 'Flavonoids and dementia: An update', *Current Medicinal Chemistry*, 22(8), 2015, pp. 1004–15, https://doi.org/10.2174/0929867322666141212122352.

59 J. P. Spencer et al., 'Neuroinflammation: modulation by flavonoids and mechanisms of action', *Molecular Aspects of Medicine*, 33(1), February 2012, pp. 83–97, https://doi.org/10.1016/j.mam.2011.10.016.

60 R. J. Williams and J. P. Spencer, 'Flavonoids, cognition, and dementia: Actions, mechanisms, and potential therapeutic utility for Alzheimer disease', *Free Radical Biology and Medicine*, 52(1), January 2012, pp. 35–45, https://doi.org/10.1016/j.freeradbiomed.2011.09.010.

61 L. Letenneur et al., 'Flavonoid intake and cognitive decline over a 10-year period', *American Journal of Epidemiology*, 165(12), June 2007, pp. 1364–71, https://doi.org/10.1093/aje/kwm036.

62 E. E. Devore et al., 'Dietary intakes of berries and flavonoids in relation to cognitive decline', *Annals of Neurology*, 72(1), July 2012, pp. 135–43, https://doi.org/10.1002/ana.23594.

63 C. Cui et al., 'Effects of soy isoflavones on cognitive function: A systematic review and meta-analysis of randomized controlled trials', Nutrition Reviews, 78(2), February 2020, pp. 134–44, https://doi.org/10.1093/nutrit/nuz050.

64 R. Krikorian et al., 'Blueberry supplementation improves memory in older adults', *Journal of Agricultural and Food Chemistry*, 58(7), April 2010, pp. 3996–4000, https://doi.org/10.1021/jf9029332.

65 D. J. Lamport et al., 'Concord grape juice, cognitive function, and driving performance: a 12-wk, placebo-controlled, randomized crossover trial in mothers of preteen children', *American Journal of Clinical Nutrition,* 103(3), March 2016, pp. 775–83, https://doi.org/10.3945/ajcn.115.114553.

66 A. R. Whyte and C. M. Williams, 'Effects of a single dose of a flavonoid-rich blueberry drink on memory in 8 to 10 y old children', *Nutrition,* 31(3), March 2015, pp. 531–4, https://doi.org/10.1016/j.nut.2014.09.013.

67 A. S. Abdelhamid et al., 'Omega-3 fatty acids for the primary and secondary prevention of cardiovascular disease', *Cochrane Database of Systematic Reviews,* 3(3), February 2020, CD003177, https://doi.org/10.1002/14651858.CD003177.pub5.

68 C. Sahlin et al., 'Docosahexaenoic acid stimulates non-amyloidogenic APP processing resulting in reduced Abeta levels in cellular models of Alzheimer's disease', *European Journal of Neuroscience,* 26(4), August 2007, pp. 882–9, https://doi.org/10.1111/j.1460-9568.2007.05719.x.

69 M. Oksman et al., 'Impact of different saturated fatty acid, polyunsaturated fatty acid and cholesterol containing diets on beta-amyloid accumulation in APP/PS1 transgenic mice', *Neurobiology of Disease,* 23(3), September 2006, pp. 563–72, https://doi.org/10.1016/j.nbd.2006.04.013.

70 C. N. Serhan et al., 'Resolvins, docosatrienes, and neuroprotectins, novel omega-3-derived mediators, and their endogenous aspirintriggered epimers', *Lipids,* November 2004, 39(11), pp. 1125–32, https://doi.org/10.1007/s11745-004-1339-7.

71 Y. Papanikolaou et al., 'U.S. adults are not meeting recommended levels for fish and omega-3 fatty acid intake: results of an analysis using observational data from NHANES 2003–2008', *Nutrition Journal,* 13, April 2014, p. 31, https://doi.org/10.1186/1475-2891-13-31. Erratum in: ibid., p. 64.

72 H. Gerster, 'Can adults adequately convert alpha-linolenic acid (18:3n-3) to eicosapentaenoic acid (20:5n-3) and docosahexaenoic acid (22:6n-3)', *International Journal for Vitamin and Nutrition Research,* 68(3), 1998, pp. 159–73, https://pubmed.ncbi.nlm.nih.gov/9637947.

73 Y. Zhang et al., 'Intakes of fish and polyunsaturated fatty acids and mild-to-severe cognitive impairment risks: a dose-response meta-analysis of 21 cohort studies', *American Journal of Clinical Nutrition,* 103(2), February 2016, pp. 330–40, https://doi.org/10.3945/ajcn.115.124081.

74 M. C. Morris et al., 'Association of Seafood Consumption, Brain Mercury Level, and APOE ε 4 Status with Brain Neuropathology in Older Adults', *JAMA,* February 2016, 315(5), pp. 489–97, https://doi.org/10.1001/jama.2015.19451.

75 G. Mazereeuw et al., 'Effects of ω-3 fatty acids on cognitive performance: A meta-analysis', *Neurobiology of Aging,* 33(7), July 2012, p. 1482. e17–29, https://doi.org/10.1016/j.neurobiolaging.2011.12.014.

76 F. Araya-Quintanilla et al., 'Effectiveness of omega-3 fatty acid supplementation in patients with Alzheimer disease: A systematic review and meta-analysis', *Neurologia* (English edn), 35(2), March 2020, pp. 105–14, https://doi.org/10.1016/j.nrl.2017.07.009.

77 M. Moss and L. Oliver, 'Plasma 1,8-cineole correlates with cognitive performance following exposure to rosemary essential oil aroma', *Therapeutic Advances in Psychopharmacology*, 2(3), June 2012, pp. 103–13, https://doi.org/10.1177/2045125312436573.

78 M. T. Islam et al., 'Immunomodulatory Effects of Diterpenes and Their Derivatives Through NLRP3 Inflammasome Pathway: A Review', *Frontiers in Immunology*, 11, September 2020, 572136, https://doi.org/10.3389/fimmu.2020.572136. Erratum in: *Frontiers in Immunology*, 12, April 2021, 692302.

79 W. Sayorwan et al., 'Effects of inhaled rosemary oil on subjective feelings and activities of the nervous system', *Scientia Pharmaceutica*, 81(2), 2013, pp. 531–42, https://doi.org/10.3797/scipharm.1209-05.

80 Q. P. Liu et al., 'Habitual coffee consumption and risk of cognitive decline/dementia: A systematic review and meta-analysis of prospective cohort studies', *Nutrition*, 32(6), June 2016, pp. 628–36; S. L. Gardener et al., 'Higher Coffee Consumption Is Associated With Slower Cognitive Decline and Less Cerebral A β -Amyloid Accumulation Over 126 Months: Data From the Australian Imaging, Biomarkers, and Lifestyle Study', *Frontiers in Aging Neuroscience*, 13, November 2021, 744872, https://doi.org/10.3389/fnagi.2021.744872.

81 J. Lorenzo Calvo et al., 'Caffeine and Cognitive Functions in Sports: A Systematic Review and Meta-Analysis', *Nutrients*, 13(3), March 2021, p. 868, https://doi.org/10.3390/nu13030868.

82 C. Doepker et al., 'Key Findings and Implications of a Recent Systematic Review of the Potential Adverse Effects of Caffeine Consumption in Healthy Adults, Pregnant Women, *Adolescents, and Children*', *Nutrients*, 10(10), October 2018, p. 1536, https://doi.org/10.3390/nu10101536.

83 R. Poole et al., 'Coffee consumption and health: Umbrella review of meta-analyses of multiple health outcomes', *BMJ*, 359, November 2017, https://doi.org/10.1136/bmj.j5024. Erratum in: *BMJ*, 360, January 2018, k194.

84 G. Schepici et al., 'Ginger, a Possible Candidate for the Treatment of Dementias?', *Molecules*, 26(18), September 2021, p. 5700, https://doi.org/10.3390/molecules26185700.

85 N. Saenghong et al., *'Zingiber officinale* Improves Cognitive Function of the Middle-Aged Healthy Women', *Evidence-Based Complementary and Alternative Medicine*, 2012, 383062, https://doi.org/10.1155/2012/383062.

86 R. Lakhan et al., 'The Role of Vitamin E in Slowing Down Mild Cognitive Impairment:

A Narrative Review', *Healthcare* (Basel), 9(11), November 2021, p. 1573, https://doi.org/10.3390/healthcare9111573.

87 J. H. Kang et al., 'A randomized trial of vitamin E supplementation and cognitive function in women', *Archives of Internal Medicine,* 166(22), December 2006, pp. 2462–8, https://doi.org/10.1001/archinte.166.22.2462.

88 E. Leclerc et al., 'The effect of caloric restriction on working memory in healthy non-obese adults', *CNS Spectrums,* 25(1), February 2020, pp. 2–8, https://doi.org/10.1017/S1092852918001566.

89 W. Lü et al., 'Effects of dietary restriction on cognitive function: A systematic review and meta-analysis', *Nutritional Neuroscience,* April 2022, pp. 1–11, https://doi.org/10.1080/1028415X.2022.2068876.

90 R. Daviet, 'Associations between alcohol consumption and gray and white matter volumes in the UK Biobank', *Nature Communications,* 13(1), 2022, p. 1175, https://doi.org/10.1038/s41467-022-28735-5.

91 M. C. Morris et al., 'MIND diet slows cognitive decline with aging', *Alzheimer's & Dementia,* 11(9), September 2015, pp. 1015–22, https://doi.org/10.1016/j.jalz.2015.04.011. Epub 15 June 2015.

92 D. E. Hosking et al., 'MIND not Mediterranean diet related to 12-year incidence of cognitive impairment in an Australian longitudinal cohort study', *Alzheimer's & Dementia,* 15(4), April 2019, pp. 581–9, https://doi.org/10.1016/j.jalz.2018.12.011.

93 S. Kheirouri and M. Alizadeh, 'MIND diet and cognitive performance in older adults: A systematic review', *Critical Reviews in Food Science and Nutrition,* 14, May 2021, pp. 1–19, https://doi.org/10.1080/10408398.2021.1925220.

附录：证据分级

1 D. B. Resnik and K. C. Elliott, 'Taking financial relationships into account when assessing research', *Accountability in Research,* 20(3), 2013, pp. 184–205, https://doi.org/10.1080/08989621.2013.788383.

2 L. K. John et al., 'Effect of revealing authors' conflicts of interests in peer review: randomized controlled trial', *BMJ,* 367, November 2019, l5896, https://doi.org/10.1136/bmj.l5896.